# MÉMOIRE

## SUR

La nécessité et les moyens de rendre uniformes, dans le royaume, toutes les mesures d'étendue et de pesanteur;

De les établir sur des bases fixes et invariables;

D'en régler tous les multiples et les subdivisions, suivant l'ordre décuple;

D'approprier enfin à ce nouvel ordre le cours des petites monnoies.

*Et par une suite de cette réforme, de simplifier les comptes et les calculs, tant dans les sciences physiques, que dans la finance et le commerce.*

Par M. PRIEUR (*ci-devant DU VERNOIS*), Officier du Corps royal du Génie, membre de l'Académie des sciences, arts et belles-lettres de Dijon.

Ouvrage présenté à l'ASSEMBLÉE NATIONALE.

## A DIJON,

### DE L'IMPRIMERIE DE P. CAUSSE.

Et se vend, { à PARIS, chez DESENNE, Libraire, au Palais royal.
{ à LYON, chez ROSSET, Libraire, grande rue Merciere.

M. DCC. XC.

On cherche depuis long-temps, sans avoir pu y réussir,
les moyens d'établir en France une mesure commune. . . . . . . Quelle supériorité n'auroit pas le peuple
de qui les autres recevroient cette mesure !

M. Bailly, hist. ast. mod.
tom. 1, pag. 154.

# AVERTISSEMENT.

L'ouvrage que l'on offre au public, a été envoyé, le 9 février 1790, à M. le président de l'Assemblée nationale; quelque temps après, il fut déposé au comité d'agriculture et de commerce; et M. Bonnay a daigné en faire mention dans une note imprimée avec le rapport qu'il a fait, au nom de ce comité, *sur l'uniformité à établir dans les poids et mesures.*

Tout le monde reconnoît aujourd'hui la nécessité et l'importance de cette opération. Ainsi, en remontant à la date précédemment indiquée ( époque à laquelle il n'avoit été fait encore aucune demande publique à l'Assemblée nationale, relativement aux mesures ), il paroîtra peut-être intéressant de comparer ce mémoire avec tout ce qui a été dit ou écrit depuis sur le même sujet : c'est pour cela qu'on s'est interdit d'y faire les changemens que les circonstances auroient pu indiquer. Mais comme, dans cet ouvrage, il s'agit bien moins de proposer une mesure déterminée, que de rechercher les meilleurs principes de l'opération, et les moyens de l'exécuter, sa publication a un plus grand but d'utilité; car il est des vérités que l'on ne sauroit trop répandre.

Les vrais savans n'y verront que l'exposition et la répétition de leurs propres pensées; et en y rappellant un instant leur attention, ce sera leur fournir l'occasion de les développer. D'un autre côté, il est bon de familiariser les hommes peu versés dans les sciences mathématiques, avec des combinaisons, à la portée d'une intelligence commune, qui seront peut-être bientôt appropriées aux usages journaliers de la société entiere.

Les idées les plus simples, en tout genre, sont presque toujours les meilleures. Néanmoins l'on voit très-souvent la prévention, compagne ordinaire de l'ignorance, s'efforcer de les repousser. Il ne faut pas se rebuter; on parviendra à vaincre un attachement servile aux anciennes routines, en professant courageusement la réforme au nom de la raison. D'ailleurs, plus il importe d'obtenir un résultat heureux, plus il est à propos de livrer la discussion de l'objet à un grand nombre de gens éclairés.

Le mémoire que l'on va lire, donnera lieu à une application bien sensible de ces réflexions, principalement en ce qui concerne la proposition d'adopter, exclusivement à toute autre, l'échelle décimale pour les divisions successives de toutes les espèces de mesures, des poids et des monnoies. Il n'est personne au fait du calcul décimal, qui ne sente les immenses avantages de cette méthode : elle a cela de particulier, qu'elle fait disparoître toutes les difficultés possibles des opérations numériques, en les ramenant à la condition des plus simples calculs; ce qui, par conséquent, rendroit l'arithmétique une science à la portée du plus grand nombre des hommes. Cependant il ne faut pas dissimuler qu'il en résulteroit une innovation considérable dans les usages commerciaux et de la finance : le public a donc un très-grand intérêt à être suffisamment instruit, soit pour réclamer les avantages qui lui sont annoncés, d'autant plus que l'occasion de s'en mettre en possession est unique, soit pour n'y renoncer qu'après une démonstration claire des inconvéniens, si toutefois le mode proposé en comportoit assez pour surpasser les avantages. Tout citoyen, en pareil cas, remplit un devoir envers la patrie, en lui donnant le tribut de ses lumieres.

# MÉMOIRE

*Sur la nécessité et les moyens de rendre uniformes, dans le royaume, toutes les mesures d'étendue et de pesanteur ; de les établir sur des bases fixes ; et de régler leurs subdivisions, ainsi que celles des petites monnoies, suivant une échelle décimale.*

On a dit, il y a long-temps, qu'il seroit avantageux de rendre les poids et les mesures uniformes dans tout le royaume. C'étoit une de ces propositions que la force de la vérité faisoit reparoître de temps à autre, et qui rentroient bientôt dans l'oubli, parce qu'on ne les croyoit pas susceptibles d'exécution. En vain Philippe V et Louis XI voulurent nous procurer ce bienfait ; les peuples, engourdis dans la servitude, et accablés de leurs miseres, avoient appris à se défier de toutes les innovations, et les repoussoient même avant que d'en avoir examiné les avantages.

En vain Henri II, sur la demande des états généraux de 1558, ordonna la réduction des poids et mesures du royaume à ceux de la capitale ; les esprits n'étoient point encore assez préparés pour recevoir ce changement, même revêtu du sceau de la loi (1).

La Condamine a proposé depuis d'établir une mesure universelle et invariable ; l'académie approuvoit cette idée, dont plusieurs de ses membres s'étoient déja occupés ; Turgot avoit pensé à la réaliser ; et de nos jours, M. Necker lui-même, désirant introduire l'uniformité dans nos mesures, mais craignant encore quelques obstacles, a annoncé formellement qu'il n'avoit point renoncé à ce projet (2) : ce fut donc dans tous les temps le vœu des philosophes et des plus

---

(1) Le parlement de Paris, en enregistrant cet édit, se réserva de mettre sous les yeux du Roi les plaintes que ces changemens pourroient occasionner ; et il est assez probable que cela contribua à en empêcher l'exécution.

(2) Voyez le compte rendu au Roi, par M. Necker, en 1781, page 97.

( 4 )

grands hommes d'état. Ce vœu a été malheureusement impuissant ; tant il est vrai qu'il faut des siecles à la raison pour percer à travers les nuages formés par les préjugés.

Mais aujourd'hui tout est changé. Appellés près d'un Roi qui ne connoît de grandeur que la félicité de ses peuples, les représentans de la nation ont brisé les fers qu'avoit forgé le despotisme : la féodalité est détruite ; le grand œuvre de notre régénération est commencé, et s'avance de jour en jour ; les provinces, après avoir renoncé à des privileges destructeurs de la prospérité publique, vont s'oublier et se confondre dans la division plus réguliere des départemens et des districts ; ces départemens, ces districts, et les plus petites portions de l'empire, auront une organisation semblable ; la variété des coutumes, source immense d'abus, sera désormais remplacée, dans toute la France, par l'uniformité la plus exacte dans les loix d'administration et de justice : avec un ordre si beau, laissera-t-on subsister l'ancien cahos de nos mesures ? N'est-il pas temps enfin d'ôter tant d'occasions d'erreurs, de fraudes et de procès ? Le moment actuel est d'autant plus convenable à une réforme générale des mesures, que les principes nouvellement adoptés laissent les préjugés sans force ; et que les peuples, déja disposés par d'autres changemens plus importans, qui ont rompu leurs habitudes, recevroient avec docilité une innovation dont ils pourroient eux-mêmes sentir les grands avantages.

Si le vœu d'une mesure uniforme est raisonnable, s'il est vrai que les circonstances ne peuvent être plus heureuses pour l'introduire, il ne reste plus qu'à examiner *sur quels principes cette nouvelle mesure doit être établie.* Voilà la question principale à laquelle je me propose de répondre dans ce mémoire.

Après m'être occupé de tous les détails relatifs à ce premier objet, j'expliquerai comment on peut, dans l'exécution, rendre le remplacement des anciennes mesures de tout genre plus facile et moins dispendieux. Cependant je ne tairai point qu'il y a des objections anciennes contre ce projet ; et, comme on les verroit sûrement reparoître, je vais d'abord les présenter succinctement, afin de démontrer qu'elles ne doivent pas nous arrêter, soit parce qu'elles sont peu solides, soit parce qu'elles portent sur des difficultés que l'on peut espérer de surmonter.

## §. I. *Examen des objections contre l'uniformité des mesures.*

La diversité des mesures est favorable aux négocians, en ce qu'elle leur procure des bénéfices fondés sur des calculs qui ne sont qu'entre leurs mains.

Comment parviendra-t-on à changer les habitudes de tout un peuple, jusques dans les choses les plus familieres?

Que de dépenses un pareil changement n'entraîneroit-il pas après lui?

Tel est le langage ordinaire de ceux dont l'indolence s'effraie de toute innovation, ou qui croient avoir quelqu'intérêt à la perpétuité des abus.

La Condamine a déja répondu, dans le plus grand détail, à la premiere objection (1), et on peut dire qu'il l'a réfutée victorieusement. Si l'on en a jugé ainsi dans le temps où cet illustre académicien écrivoit, que sera-ce aujourd'hui, où l'on est bien plus hardi pour dire la vérité, et où l'on est convaincu que la bonne foi et la loyauté ne sont pas moins nécessaires à la prospérité des grands empires, qu'au bonheur des sociétés les plus circonscrites ? Il suffira donc de poser ce principe : *Les échanges de commerce, entre le vendeur et l'acheteur, ne doivent point être fondés sur la supposition d'un frippon et d'une dupe.* Ainsi, tout gain résultant d'erreur ou de fraude sur la quantité d'une marchandise, est illégitime ; et si c'est la diversité des mesures qui y donne lieu, cette diversité doit être proscrite par les loix. Ne craignons pas, par là, de donner aux étrangers un avantage sur nous, en leur rendant la connoissance de nos mesures plus facile, tandis que notre embarras pour les leurs resteroit le même ; ce sera un nouveau motif qui les engagera à traiter d'affaires avec nous. Au surplus, s'arrêter à une pareille considération, ce seroit autoriser la corruption parmi les hommes ; ce seroit mettre en question, s'ils ne doivent pas bannir la droiture et la franchise, parce qu'elles laissent voir clairement le but de leurs démarches. Le sentiment de l'honnêteté répugne à des spéculations

---

(1) Mémoires de l'académie des sciences, année 1747, pages 490 et suiv.

qui ne seroient fondées que sur la ruse et l'artifice : la France doit à sa gloire de consacrer une telle maxime par ses opérations, et il est digne d'elle d'en donner l'exemple à l'univers.

La seconde objection, à laquelle je dois répondre, est plus spécieuse, mais n'est pas mieux fondée. On prouveroit facilement, en général, que si les hommes s'en étoient tenus à leurs premieres habitudes, ils se seroient privés eux-mêmes d'une foule de procédés précieux pour les arts ; et pour citer un exemple analogue à notre sujet, n'avons-nous pas obligation à Grégoire XIII de la réforme du calendrier, sans laquelle nous serions encore exposés, ou à des calculs erronés sur les temps, ou à des réductions nombreuses et embarrassantes ?

La plupart des grands obstacles que l'on pouvoit opposer à la réformation de nos mesures, disparoissent dans le moment actuel. Ainsi, par exemple, les cens féodaux étant déclarés rachetables, plusieurs mesures deviendront inutiles après l'anéantissement de ces cens. En outre, la libre circulation dans l'intérieur du royaume, le reculement des barrieres à ses frontieres, et l'uniformité des impositions, rendront nuls tous ces tarifs de droits surchargés d'une multitude de dénominations ; il sera donc beaucoup plus simple de renouveller ceux qui seront nécessaires, en expressions des nouvelles mesures, que d'y rappeller les anciennes, qui ne sont connues que dans la petite étendue de pays où l'on en fait usage. Enfin, j'ai déja annoncé que, vu la disposition des esprits, le changement des mesures éprouveroit moins de difficultés : il faut s'attacher encore à les diminuer ; et le moyen d'y parvenir, est surtout de donner une méthode de remplacement simple et à la portée des gens les moins instruits. A la vérité, dans les premiers temps de l'innovation, on ne sera pas dispensé de connoître les anciens usages ; mais ils disparoîtront peu à peu, et l'expérience a déja prouvé que de tels changemens s'effectuoient assez promptement, lorsque la raison les indiquoit comme vraiment utiles.

Quant à la dépense, il semble d'abord que la réunion des frais inséparables d'un renouvellement général des mesures, doive former une masse assez considérable, et que, dans les circonstances présentes où les besoins paroissent excéder les ressources, ce pourroit être un surcroît de charge ; mais on peut la diminuer de beaucoup, comme je le ferai voir : et d'ailleurs, si l'opération est bonne en elle-même, rien n'empêche de la décréter dès à présent, sauf à donner à l'exécution du décret un délai tel, que chacun s'y conforme pour ainsi dire par son propre vœu, plutôt que pour obéir à une loi impérieuse.

On conçoit donc que cette dépense, déja réduite par les précautions qu'il est aisé de prendre, se répartissant, d'une part, sur un grand nombre d'individus, d'autre part, sur le temps de l'intervalle que l'on mettra entre la faculté et l'obligation, se trouvera, dans la vérité, presqu'insensible.

Je ne crois pas devoir m'arrêter plus long-temps à l'examen de ces objections, qui, comme je l'ai dit, ont déja été plusieurs fois réfutées : s'il en est d'autres qui méritent quelqu'attention, on en trouvera la solution dans les sections de ce mémoire qui me donneront tout naturellement l'occasion de les traiter.

## §. II. *Sur quels principes les nouvelles mesures doivent-elles être établies ?*

Pour être en état de répondre à la question principale que je me suis proposée, il faut d'abord connoître celles de nos mesures qu'il est nécessaire de changer. Il convient donc de prendre une idée générale de toutes les mesures dont nous avons adopté l'usage, et de leurs défauts, avant que d'entrer dans les détails qui concernent celles qui doivent les remplacer.

Nos mesures peuvent être rapportées à cinq classes capitales, qui ont chacune une unité d'un genre très-différent.

La premiere comprend les *mesures numériques.*

La seconde, celles de temps.

La troisieme, celles d'étendue.

La quatrieme, les poids.

La cinquieme, les monnoies.

J'entends par *mesures numériques*, non-seulement les nombres abstraits, mais aussi d'autres mesures qui n'ont qu'une *unité relative*. Tels sont les dégrés de la circonférence du cercle, ceux du thermomètre, les carats de dureté des pierres fines ou communes, ceux de la pureté de l'or, les deniers de pureté de l'argent, et autres de cette nature.

On sait que nous connoissons *les temps* par le moyen de machines à poids ou à ressort, telles que les horloges, les montres, dont la marche est réglée sur les mouvemens de la terre, ou, ce qui est la même chose, sur l'apparence de ceux du soleil et des autres astres.

Il n'entre pas dans mon plan de m'occuper de ces deux premieres classes, puisque les mesures qu'elles comprennent sont les mêmes en France et dans presque toute l'Europe. J'observerai seulement qu'il eût été avantageux d'en établir toutes les subdivisions suivant l'ordre adopté dans notre *numération* ( l'ordre déculpe ). Mais aujourd'hui il y auroit beaucoup d'embarras à effectuer un tel changement, car il nous obligeroit sur-tout à refaire un très-grand nombre d'instrumens et de calculs : un peu de réflexion suffit pour s'en convaincre.

C'est dans la troisieme et la quatrieme classe que se trouve la grande variété de nos mesures actuelles ; ce sont celles-ci, particuliérement, qu'il importe d'amener à l'uniformité. Indépendamment de ce que la plupart des villes, et même des villages, en emploient de différentes, souvent dans le même endroit, cette variété a lieu aussi pour plusieurs espèces de marchandises qui pourroient cependant être mesurées de la même maniere. Une telle multiplicité d'usages occasionne nécessairement de la confusion dans l'esprit de ceux qui veulent et qui ont intérêt à les connoître : elle surcharge la mémoire, et fatigue encore l'intelligence par des calculs embarrassans et d'autant plus compliqués, que les subdivisions des mesures dérivent les unes des autres par des loix qui n'ont ordinairement aucune analogie entre elles. Mais ce ne sont pas les seuls inconvéniens de ces mesures. Un autre défaut inhérent à toutes, c'est que leurs étalons primitifs ont été pris, ou arbitrairement, ou d'après des regles peu sûres ; de sorte que, par le laps de temps, ces étalons et les modeles qui en ont été faits, peuvent avoir subi des altérations qui, quelquefois, ne sont pas soupçonnées, et qu'il est d'ailleurs évidemment impossible de corriger. Aussi n'est-il pas certain que dans les diverses villes où les loix ont prescrit l'usage des mêmes mesures, elles y soient conservées dans leur intégrité. Une légere différence entre elles ; différence ignorée, ou jugée d'abord trop petite pour que l'on doive en tenir compte, ne laisse pas que d'entraîner des erreurs qui deviennent considérables à la suite de combinaisons souvent répétées ; et c'est à cette cause d'erreurs, toujours croissantes , qu'il faut sans doute attribuer le peu d'accord des ouvrages qui paroissent les plus sûrs à consulter pour connoître les vraies quantités des mesures ( 1 ).

S'il est avantageux à la société en général, de faire cesser de tels inconvéniens , combien cette réforme seroit encore précieuse pour les sciences ( 2 )! Mais une opération aussi importante , et les dif-

---

(1) Je n'en rapporterai qu'un seul exemple pour le moment ; mais il est bien remarquable.

Il est dit , dans l'encyclopédie méthodique , commerce , tom. III , 1<sup>ère</sup>. part. page 312 , que *le boisseau* de bled *a 16 litrons*, et que *chaque litron est de 36 pouces cubiques.*

Dans le même volume , page 144 , *que le boisseau de froment de Paris jauge, suivant les mémoires de l'académie royale des sciences, 644,66* pouces cubes.

Enfin même page; *le boisseau de Paris doit avoir 8 pouces 2 lignes ½ de profondeur , et 10 pouces de diamètre.*

Ces deux dernieres évaluations du boisseau ne sont pas exactement égales entre elles ; mais l'avant-derniere differe de la premiere , de 68,66 pouces cubes , sur un boisseau. Une pareille équivoque est inconcevable ; et malheureusement on en rencontre souvent d'autres , quoique moins fortes que celle-ci.

(2) L'établissement d'une mesure universelle , a toujours été l'objet des désirs des savans les plus distingués ; mais le besoin s'en est sur - tout fait sentir , depuis qu'ils se sont attachés à porter la plus grande précision dans les sciences physiques. Il est effectivement impossible de se faire une idée nette des expériences où l'on a employé des poids et mesures étrangeres , sans les réduire aux nôtres ; et cette réduction oblige à des calculs fastidieux , auxquels on est quelquefois forcé de renoncer , à cause d u temps énorme qu'ils exigeroient. Un seul exemple suffira pour en convaincre. On lit dans un livre anglais : *116 pouces cubes d'air commun pesent 36,38 grains , le baromètre étant à 29,5 pouces.* Voilà trois différentes mesures , qui , pour être ramenées aux nôtres , obligeront à faire au moins trois multiplications , en supposant toutefois que l'on ait sous sa main des tables déja calculées des rapports de toutes les unités de mesures et de leurs sous-espèces les unes aux autres. Dans le cas où l'on seroit privé de ces tables , et où l'on n'auroit que les rapports du pied anglais à notre pied de roi , et de la livre anglaise à la livre poids de marc , il faudroit commencer par en déduire les rapports des pouces linéaires , ceux des pouces cubes et ceux des onces des deux pays , avant que de pouvoir faire l'évaluation de l'exemple cité. Qu'on juge maintenant de la fatigue que donne la lecture de volumes entiers remplis de semblables expériences que l'on a intérêt d'apprécier justement.

On ne sera pas surpris , d'après cela , que , dans ces derniers temps , plusieurs savans illustres de différens pays se soient communiqué leurs plaintes sur la diversité des mesures , et qu'ils aient eu le dessein de convenir d'une mesure *physique* qui fût par-tout la même. Leur intention seroit de s'en servir dès à présent , mais d'en restreindre l'usage à l'intérieur de leurs cabinets , en

ficultés qu'on y a trouvées jusqu'à présent, nous avertissent d'y donner tous nos soins, de n'y laisser aucun défaut qu'on puisse regretter dans quelque temps, enfin, de se mettre dans le cas de n'avoir jamais besoin de la recommencer, en conservant cependant des anciens usages tout ce qu'il est possible. On satisfera à ces conditions, si l'on donne aux mesures à établir des bases fixes et invariables ( du moins autant que la nature le permet) qui en soient l'origine commune, et dont on puisse, à l'aide de combinaisons très-simples, tirer tous les instrumens nécessaires à nos besoins, ensorte qu'il suffise d'en retrouver l'indication sur le feuillet d'un livre pour s'en remettre à l'avenir en possession.

Tel est le développement que j'ai cru devoir donner à cette question : *Sur quels principes les nouvelles mesures doivent-elles être établies ?* On peut déja entrevoir qu'elle se trouvera transformée en un problême physico-mathématique, qui consistera à déterminer l'unité ou étalon de chaque espèce de mesure, ses multiples et ses subdivisions, en indiquant en même temps les dénominations qui leur conviennent, et les calculs que leur usage rendra nécessaire. Je donnerai une solution complette de ce problême pour les mesures d'étendue et les poids, en deux articles séparés.

Quant aux monnoies, je n'aurai pas beaucoup de choses à en dire, parce qu'elles sont déja uniformes dans tout le royaume. Je proposerai seulement un léger changement dans la valeur de la plus petite de nos monnoies actuelles. Je ferai voir enfin, que, soit qu'on se détermine à ordonner la fabrication de cette petite monnoie, soit qu'on laisse, à cet égard, les choses comme elles sont, il n'en sera pas moins important d'adopter, dans les comptes, une méthode simplifiée, analogue à celle que j'introduis dans les expressions de quantité de mesures.

## Des mesures d'étendue.

Les mesures d'étendue sont essentiellement de trois sortes principales, puisqu'il est évident que l'on peut avoir besoin de mesurer,

---

attendant que les gouvernemens soient assez éclairés pour en ordonner l'adoption générale. M. de Morveau ( l'un d'entre eux dont les relations sont les plus étendues ) m'a engagé à faire un travail qui puisse remplir des vues si bien dirigées , et il a bien voulu en même temps m'aider de ses conseils.

soit simplement les dimensions d'un corps, qui sont des lignes ; soit sa surface ; soit enfin son volume, ou l'espace qu'il occupe. Ces trois sortes de mesurages doivent s'effectuer au moyen d'unités d'une espèce particuliere pour chacune, et cependant susceptibles d'une dépendance mutuelle. Examinons-les successivement.

I. Tout le monde connoît nos mesures de longueur. Nous avons, en premier lieu, le pied et ses subdivisions, la toise, la chaîne, la perche, la lieue et autres, réductibles en toises ou en pieds, employées à divers usages ; en second lieu, l'aune qui sert à mesurer les étoffes.

Ces mesures, quoique désignées par les mêmes noms, ont des longueurs différentes dans plusieurs villes et provinces du royaume ; elles peuvent bien être toutes rapportées au pied de roi, mais ces rapports ne sont pas parfaitement connus (1) ; ils nécessitent des calculs assez longs et minutieux ; et, d'ailleurs, le pied de roi lui-même a une longueur incertaine, puisque la toise dont il dépend, est, à ce qu'on assure, sous-multiple exact de la circonférence de la terre (2) : or, l'on sent combien la vérification de cette mesure a de difficultés. Il est sans doute plus simple de prendre une marche inverse, en fixant d'abord une unité invariable, par un moyen plus à notre portée, pour s'en servir ensuite à mesurer les grandes étendues qui nous intéressent.

La natur offre une base pour l'une et l'autre manieres. Les peuples les plus anciens, dont l'histoire nous indique l'existence, avoient adopté la premiere : c'est-à-dire qu'ils avoient un système métrique, régulier, tiré de la mesure d'un dégré du méridien de notre globe. Mais, indépendamment de la grandeur de l'opération primitive nécessaire à cet objet, de l'embarras de la vérifier, de l'impossibilité même de le faire journellement, il n'est pas aisé de prononcer sur le dégré d'exactitude que cette méthode peut comporter.

La seconde consiste à prendre, pour unité, la longueur d'un pendule simple faisant ses oscillations dans un temps déterminé : celle-

---

(1) Voyez ce que la Condamine dit de la non-conformité des étalons de l'aune de Paris. Mém. de l'acad. roy. des sciences, ann. 1747, pag. 496 et suiv.

(2) Hist. astronom. mod. par M. Bailly, tom. II, pag. 356.

ci n'a pas les mêmes inconvéniens de la premiere, et paroît mieux remplir nos vues.

L'idée de fixer les mesures, par le moyen du pendule, a été donnée il y a assez long-temps (1); mais elle fut rejetée, parce qu'i s'éleva des objections que l'on n'étoit pas alors en état de résoudre elle a reparu depuis avec plus de solidité, et aujourd'hui les savans conviennent généralement qu'elle est bonne (2). Pour écarter enfin tous les doutes sur cette vérité, il suffit d'énoncer les phénomenes suivans, sur lesquels elle est fondée, dont l'existence est bien reconnue par tous les astronomes.

1°. La rotation diurne de la terre, observée sur celle apparente d'une étoile fixe, se fait dans un temps toujours égal.

2°. Sa révolution annuelle autour du soleil, s'accomplit aussi dans un temps toujours le même, ou, du moins, s'il y a quelque diminution, les observations faites jusqu'à présent permettent à peine de l'assigner.

3°. La gravité est la même pour le même lieu de la terre, quoique les temps soient différens.

Maintenant, quel pendule choisira-t-on pour module primitif de nos mesures ?

La Condamine avoit proposé celui à secondes pris sous l'équateur, qu'il avoit déterminé lui-même avec le plus grand soin : l'éloignement du lieu parut un trop grand obstacle à la vérification de cette mesure. D'autres académiciens célèbres ont pensé qu'il étoit plus convenable de prendre le pendule sous le parallele de 45°, parce que cette latitude est, selon eux, intermédiaire entre celles des peuples policés, et que cette position ôteroit toute idée de jalousie aux nations qui voudroient convenir entre elles d'une mesure universelle : ce prétendu milieu est absolument indifférent à la bonté de l'opération, et une raison sans replique qui détruit entiérement l'apparence de cette convenance, c'est que l'on n'est pas physiquement assuré que la gravité soit exactement la même sur toute l'é-

_______________

(1) Voyez ce que M. Bailly rapporte à ce sujet, hist. de l'astronom. mod. tom. II, pag. 357.

(2) Voyez l'article *pendule simple*, dans l'encyclopédie méthod. Dict. de math. et astron.

tendue d'un même parallele ; il faut donc se restreindre à ce dont on est absolument certain , et prendre le pendule dans un lieu unique , dont la position soit bien connue , et que les plus grands bouleversemens présumables sur notre globe ne puissent jamais empêcher de retrouver. Et quant aux rivalités : si une seule nation établit un système régulier de mesures fondées sur une base physique immuable, il est tout simple que cette base soit prise au sein même de cette nation, qui certainement mériteroit bien alors l'honneur de servir de modele aux autres pour une si belle opération ; si plusieurs peuples s'accordent pour cette détermination du module des mesures, ils choisiront sans doute un lieu qui leur soit également agréable, il est vraisemblable qu'alors les peuples dont nous parlons , éleveront, en commun, un monument où ils feront mention de ceux qui auront concouru à son établissement ; la place de ce monument est donc encore indifférente, eu égard aux petites prétentions de l'amour propre.

Je n'insisterai pas davantage sur la fixation du lieu du pendule dont il s'agit ; c'est à l'académie des sciences qu'il appartient de prononcer en pareille matiere. Mon objet est plus spécialement de m'occuper de la dérivation relative des mesures, et de tout ce qui a rapport à l'exécution du projet de les rendre uniformes dans tout le royaume. Cependant, d'après les considérations précédentes, et puisqu'une décision quelconque ne peut avoir d'influence sur ce qui doit suivre, je proposerai pour longueur fixe, celle du pendule à secondes de l'observatoire royal de Paris.

L'observatoire est un des points de notre globe dont la position est le mieux déterminée, à cause du grand nombre d'observations astronomiques qui y ont été faites et qui la confirment de jour en jour, de sorte que la ruine même de Paris n'empêcheroit pas de le retrouver; d'ailleurs, il est convenable qu'un établissement général pour le royaume ait une base placée dans sa capitale.

Peut-être, au lieu de la seconde *de temps moyen,* seroit-il mieux de prendre la 86400ᵉ. partie de la durée d'une rotation complette de la terre sur elle-même ( 1 ), dont la vérification pourroit être plus

---

(1) Cette adoption raccourciroit un peu le pendule ; sa longueur ne seroit plus que 3ᵖⁱ 0ᵖº 4,83ˡⁱ , en admettant , pour celle du pendule à secondes

facile dans tous les temps ; c'est le cas de consulter nos plus habiles astronomes pour savoir s'il convient de la préférer.

Quel que soit leur avis, l'objet de l'opération du pendule est assez important pour qu'on y procede par les expériences les plus susceptibles d'exactitude ; et une fois faites, on auroit sans doute un grand intérêt à en conserver le résultat sans altération. Pour cela, il ne seroit pas nécessaire de se jeter dans la dépense d'un édifice immense (1), nous possédons aujourd'hui un métal ( le platine ) (2) qui fourniroit, ce me semble, un excellent moyen pour mettre notre résultat suffisamment à l'abri des accidens, et notamment des incendies. Je voudrois donc que la longueur du pendule fût tracée sur une regle de platine pur, bien dressée et incrustée dans une autre de bois, pour être déposée à l'hôtel-de-ville de Paris, où on l'y conserveroit précieusement dans un étui ; qu'on y joignît une des-

---

*de temps moyen*, 3 pi 0p0 8,57 li , d'après Mairan ; et par conséquent le tiers de cette premiere longueur n'excéderoit que de bien peu le pied de roi actuel. On jugera facilement, sur-tout par ce qui va suivre, le motif qui me fait faire cette remarque.

(2) Il paroît que les anciens ont voulu transmettre leurs mesures à la postérité, par les constructions qu'ils ont faites. Effectivement le côté de la base de la grande pyramide d'Egypte, représente l'étalon du grand stade, aussi nommé alexandrin ou égyptien, et les dimensions des autres pyramides et de quelques monumens, sont des multiples exacts de différentes sortes de mesures. Voyez à ce sujet l'hist. de l'astron. par M. Bailly, et la métrol. de Romé de l'Isle.

(2) Le platine, bien connu des chymistes, peut passer pour le plus précieux des métaux, à raison des belles propriétés dont il est éminemment doué. Je dirai, seulement à ceux pour qui ce pourroit être une chose nouvelle, que, dans son état de pureté, ce métal est presque infusible, point altérable par l'action du feu et de l'air libre, et que d'ailleurs il n'y a qu'un très-petit nombre de dissolvans capables de l'attaquer. Il réunit à ces avantages celui d'une tenacité telle, qu'il perd le moins de tous les métaux par des attouchemens répétés ; il n'est pas trop fragile, et est susceptible d'un fort beau poli. C'est donc, sans contredit, le métal à préférer pour un monument que l'on veut mettre à l'abri de toutes les causes de destruction. Sa valeur intrinseque est de dix écus par once ; la regle que je propose coûteroit environ soixante louis, pour le prix de la matiere, et l'on ne doit pas regretter cette dépense, lorsqu'il s'agit de l'opération la plus mémorable que les hommes puissent faire, et dont l'époque se trouveroit précisément celle de l'Assemblée nationale qui régénere la France.

Le sieur *Janety*, orfévre à Paris, connu par son expérience et son habileté pour travailler le platine, assure qu'il est en état de fournir la regle dont il s'agit, et de l'exécuter avec toute la perfection que l'on peut y désirer.

cription de l'opération par laquelle cette longueur auroit été trou-
vée ; que dans cette description enfin, on fît mention de la position
de l'observatoire en latitude et en longitude, du rayon de la terre
en cet endroit, ou au moins de son élévation au dessus du niveau
de la mer, du temps de chaque vibration du pendule, et de la température à laquelle sa longueur a été et doit être toujours mesurée.
Cette température seroit fixée, par exemple, à dix dégrés du thermomètre à mercure (1), gradué à zéro pour la glace fondante, et
à 80 dégrés pour l'eau distillée bouillante sous une pression constante de l'athmosphere, pression elle-même évaluée par la hauteur
d'une colonne de mercure exprimée en fractions de la longueur
du pendule (2). Au moyen de ces précautions, nous aurions une
longueur constante, toujours conservée et qu'il seroit toujours possible de retrouver (3) ; cette longueur seroit divisée en trois parties
égales, et c'est son tiers que je proposerois pour remplacer chacun
de nos pieds.

Le nouveau pied pourroit s'appeller *pied national*, les étrangers
le nommeroient sans doute pied *français*, et les savans en feroient
un pied universel. On ne doit pas craindre aujourd'hui les rivalités
des nations pour ces adoptions, la liberté, qui s'avance de jour en
jour sur notre globe, rend tous les hommes cosmopolites.

Le pied national différeroit peu du pied de roi actuel, car il seroit
à peine de 146,86 lignes (4), au lieu de 144. Il pourroit donc remplacer le pied de roi, dans tous les usages où nous admettons celui-
ci, et le commun du peuple ne s'appercevroit pas de ce changement.

Notre pied national seroit divisé en dix pouces, chaque pouce en

---

(1) Cette température est celle moyenne de nos climats, et elle se conserve
constamment, à peu près à ce dégré, dans les caves de l'observatoire royal de
Paris.

(2) Toute cette description pourroit être gravée distinctement sur le revers de
la regle, monument de l'opération du pendule.

(3) L'académie pourroit la vérifier une fois chaque siecle, et constater par là
si les phénomenes que nous admettons pour invariables, éprouvent néanmoins des
vicissitudes. En traçant encore sur une glace la longueur du pendule, on auroit
un moyen de plus pour corriger les effets de la dilatation du métal.

(4) En admettant provisoirement, pour la longueur du pendule à secondes,
3 pi 0 po 8, li 57, d'après Mairan.

dix lignes, chaque ligne en dix points ou primes, afin de pouvoir écrire toutes les sous-espèces en décimales de l'unité principale. Cet ordre de subdivision est le plus commode que nous puissions admettre, parce qu'il est conforme aux loix de notre numération, et que, s'il étoit une fois adopté dans tous nos genres de mesures, l'étude de l'arithmétique deviendroit bien plus facile, et, dès-lors, plus généralement cultivée.

Quelques personnes diront peut-être que la subdivision par 12 étoit commode pour prendre les $\frac{1}{3}$, les $\frac{1}{4}$ et leurs multiples : on ne peut en disconvenir. Il est bien sûr aussi qu'on auroit pu prendre l'ordre des douzaines, au lieu de celui des dixaines, pour notre numération ; mais un pareil changement deviendroit impraticable à présent. D'ailleurs, l'ordre décuple est aussi fort commode pour le peuple, qui n'écrit pas, car il peut représenter chaque dizaine par ses doigts, alors la demi-dizaine se trouve sur chacune de ses mains, où il lui est bien aisé de compter cinq parties.

L'admission des décimales dans toutes les mesures est très-avantageuse pour la facilité des calculs, en ce que les multiplications et divisions complexes sont converties en opérations pareilles à celles des nombres entiers, en ce que la réduction des sous-espèces les unes dans les autres se fait par le simple déplacement de la virgule décimale ; et en ce que la précision d'une opération peut être portée aussi loin qu'on le veut, ou négligée si elle n'est pas nécessaire. Dans la plupart des calculs que nos mesures de longueur nécessitent, cette approximation n'a pas besoin d'être au-delà du millieme de l'unité principale, et même bien souvent au-delà du centieme.

Au surplus, je me réserve, en terminant ce mémoire, d'indiquer les limites que l'on peut assigner aux diverses valeurs et quantités pour avoir une approximation telle, qu'elle soit à l'abri de tout inconvénient, et même plus exacte que celle dont on se contente aujourd'hui, quoique la partie négligée dans le calcul décimal soit peut-être plus apparente.

Je n'entrerai pas dans de plus grands détails sur ce genre de calcul, il est facile à communiquer au peuple lui-même, et il sera certainement préféré par les personnes versées dans les sciences (1). Je

---

(1) On voit, *dans le rapport sur un projet pour la réformation du cadastre de la Haute - Guyenne* ( mém. de l'acad. des sciences , année 1782 ), que les

dirai seulement qu'il seroit peut-être convenable, pour plus de netteté, d'écrire après les unités principales, et un peu au dessus, le signe qui doit les désigner, de mettre la virgule un peu au dessous, comme à l'ordinaire, et d'ajouter ensuite les fractions décimales qui sont les sous-espèces de l'unité primordiale. Ainsi par exemple : au lieu de 4 $^{pi}$ 8 $^{po}$ 9 $^{li}$, on écriroit 4$^{pi}$,89 (1).

---

commissaires de l'académie approuvent la maniere d'exprimer l'étendue des terres, par arpens, perches, primes et secondes, ces deux dernieres sous-espèces étant le dixieme et le centieme de la perche, ensorte que la fraction négligée soit toujours moindre qu'un dix millieme d'arpent.

Cette méthode, qui réunit l'exactitude et la facilité, a été aussi proposée par la Condamine, pour les sous-espèces du pied ( mém. acad. 1747 ). Ce seroit donc un bien de l'appliquer généralement à toutes les mesures, et l'exemple du *pied anglais*, dont les pouces sont divisés en dixiemes, nous donne la preuve que cet usage peut être adopté sans inconvénient.

(1) Cette maniere d'écrire le nom des unités principales, avant et un peu au dessus des parties décimales, se présente naturellement, et contribueroit, je crois, à diminuer la petite répugnance que le public, non instruit, pourroit apporter à l'adoption du calcul décimal ; répugnance à laquelle on doit s'attendre pour toute innovation de ce genre, quelque bonne qu'elle soit. Les savans s'entendront toujours bien ; mais les gens peu versés dans la science des nombres, pourroient peut-être se méprendre sur la nature de l'unité des nombres accompagnés de beaucoup de chiffres décimaux, et le moyen que je propose est propre à lever toute équivoque. Nos différentes mesures peuvent facilement être indiquées par les deux ou trois premieres lettres de leurs noms, ce qui ne rompt pas l'ensemble des caracteres, avantage particulier du calcul décimal. Par exemple, 15 pieds $\frac{53}{100}$ de pied, s'écriront très-lisiblement ainsi : 5$^{pi}$,53 ; et quant aux mesures représentées par plusieurs mots, tels que *perches quarrées nationales*, on pourra les écrire avec sous-espèces de cette maniere : 728$^{pe}$,423 *quarrées nationales*. Il n'est personne qui ne trouve cette méthode extrêmement simple, et on pourroit citer deux auteurs célèbres qui l'ont employée ( M. Bailli, hist. astr. mod. tom. 1, pag. 150 ; et M. Lavoisier, traité élém. de chymie, pag. 400, et autres ). Je ne dois cependant pas passer sous silence qu'il est des personnes, très-habiles à d'autres égards, qui séparent de trois en trois, par une virgule, les sommes nombreuses d'unités, et qui écrivent par exemple 250,432,000 ₶ au lieu de 250432000 ₶ ; cela se voit fréquemment dans des ouvrages imprimés, mais cela n'en est pas moins une très-mauvaise habitude, car ceux qui ignorent les regles du calcul décimal n'ont pas le droit d'induire en erreur ceux qui les savent. Il seroit bien aisé de remédier à cet abus en laissant un petit espace entre chaque ternaire d'une somme nombreuse, afin que la lecture de l'expression numérique en devînt plus facile. On écriroit donc 250 432 000 ₶. Cette remarque critique doit disposer encore à adopter, de choix, la façon d'écrire le nom des unités au dessus de la virgule et avant les dixiemes, centiemes, etc. pour éviter les équivoques auxquelles les inadvertances dans l'emploi des virgules pourroient donner lieu.

Revenons au pied national. Dans les premiers temps de l'innovation, il faudra toujours le désigner ainsi, pour ne pas le confondre avec les anciens pieds qui tomberont peu à peu dans l'oubli ; et cette attention s'étendra aussi sur toutes les autres espèces de mesures nouvelles, car nous verrons, dans la suite de ce mémoire, qu'elles porteront toutes le surnom de nationales.

Les noms de pieds, pouces, lignes, doivent être conservés, parce qu'ils sont consacrés par l'habitude et qu'ils ne donnent d'ailleurs point d'idée absurde ou fausse. Mais, pour ne pas déroger à la loi du nouvel établissement, il est nécessaire de supprimer *la toise* et son nom. On peut facilement compter 7, 8, 9 pieds, et donner à l'assemblage de dix pieds le nom *de perche nationale* (1). Cette perche remplira tous les usages de nos toises et doubles toises ; une regle, une chaîne de dix pieds sont convenables ; et, dans bien des cas, il sera très-commode de porter à la main une demi-perche de cinq pieds (2).

La suppression de la toise entraîne celle du mot *toisé*, qui deviendroit trop insignifiant. Au reste, il l'étoit déja, car il n'auroit dû être employé que dans les mesurages où la toise sert d'unité ; cependant, on disoit et écrivoit *toisé de telle surface au pied quarré*, et bien pis encore, dans un *toisé général* pour des constructions de tout genre, on y comprenoit des matériaux comptés *à la piece, au cent*, ou pesés *à la livre*, en outre *des journées d'ouvriers* et les *prix* de toutes ces choses. Il seroit, je crois, plus raisonnable en pareil cas de dire : *mesurage*, ou simplement, *mesure, compte et dépense générale, etc.* de tel ouvrage (3).

Par la même raison, *la lieue* me paroît ne devoir plus être admise dans nos évaluations de distances. Ce mot *lieue* est vague pour nous, puisqu'il est donné à des longueurs différentes. Nous avons des lieues de 20 et de 25 au dégré ; des grandes, des moyennes,

---

(1) Ou un autre nom, si on en trouve un meilleur.

(2) Quelques-uns seroient peut-être tentés d'appeller cette demi-perche une *perchette* ; mais il ne faut pas introduire cette dénomination dans les calculs, parce qu'elle romproit l'ordre décimal qu'il est important d'y conserver.

(3) J'ai cru devoir rejeter en note les détails suivans, afin de ne pas trop interrompre la suite des objets.

Outre le mot mesurage, qui est général, lorsqu'il ne sera question que d'une

des petites lieues ; et, en général, dans les provinces, le nom de *lieue* est appliqué à des distances très-inégales, déterminées très-souvent par le hazard de l'éloignement des villes ou des villages. Il est temps enfin de fixer les idées par des mesures plus précises. Nommons l'étendue de mille perches, un mille, ou, pour éviter la confusion, un *millaire* (1), et nous compterons nos distances géographiques par *tel* nombre de millaires nationaux.

Voilà donc le pied national et ses divisions en pouces, lignes, etc. la perche et le millaire, déterminés de maniere à s'écrire en décimales les uns des autres ; je vais parler de *l'aune*, pour compléter la premiere sorte de mesures d'étendue.

Les aunes, dont on se sert actuellement en France, ont les longueurs différentes dans plusieurs villes, et même selon qu'elles sont destinées à mesurer diverses sortes de marchandises ; et il est indispensable de ramener ces mesures à l'uniformité, si l'on veut délivrer le public des fréquentes surprises auxquelles il est journellement exposé par cette variété d'usages (2). Il convient donc d'avoir

---

seule dimension d'un corps, on dira : *sa longueur* est de tant de perches, de pieds, de pouces, etc.

Pour l'étendue à deux dimensions : *sa surface ou sa superficie* est de tant de perches, pieds, etc. quarrés.

Le mot *arpentage* ne sera employé que pour la continence des terreins des particuliers.

Enfin on pourra dire : *la cubature* de tel corps est de tant de perches, pieds, pouces cubes, pour désigner ce qu'on nommoit précédemment sa solidité.

Il seroit à désirer que lorsque différens corps ou choses ont des modifications analogues, ces modifications fussent exprimées par des mots semblablement dérivés du nom primitif de ce corps ou de cette chose. La langue française est bien éloignée de cette perfection, en général, et ce défaut se fait sur-tout sentir dès qu'on veut perfectionner et approfondir nos connoissances sur un même objet ou une science. Les savans les plus distingués sont convaincus aujourd'hui que la perfection des sciences et celle de leur nomenclature sont inséparables ; mais ces réformes sont difficiles à faire, sur-tout sur les noms de choses usitées dans le peuple. On éprouve bien cette difficulté à l'égard des poids et mesures ; il vaut peut-être mieux, pour le moment, n'y être pas si sévere, d'autant plus que la subdivision des mesures en parties décimales fournira, à la longue, le moyen de les dénommer plus convenablement.

(1) Le millaire vaudra 1699t,91 ; à très-peu près, 1700t.

(2) Tous les jours on entend renouveller les plaintes des particuliers sur l'infidélité du mesurage des étoffes, soit à cause que les aunes des marchands n'ont

une aune unique, qui soit déterminée d'après la commodité du mesurage des étoffes, de maniere qu'elle ne soit pas plus longue que l'étendue de nos bras, et qu'elle le soit cependant assez pour mesurer vîte et pour diminuer les erreurs des changemens de mains. Supposons que l'aune de 44 pouces de roi remplisse ces conditions, elle équivaudroit à 3$^{pi}$,595 nationaux ; ainsi, on pourroit donner à l'aune nationale 3$^{pi}$,5 seulement, et il seroit toujours bien facile, d'après cela, d'evaluer en pieds un nombre d'aunes donné.

Quelques personnes diront peut-être qu'il faut rendre l'aune justement égale à 3 $^{pieds}$. J'observerai que, pour la facilité des calculs et pour le soulagement de la mémoire, l'évaluation de 3$^{pi}$,5 est aussi bonne que celle de 3 $^{pieds}$ seulement ; au surplus, une décision contraire ne changeroit rien à ce qui doit suivre.

On diviseroit l'aune en deux parties égales ; chaque moitié en cinq parties ; celles de ces dernieres situées aux extrémités de l'aune seroient encore partagées en deux, l'une d'elles portant, en outre, ses dixiemes, bien suffisans pour les plus petites longueurs d'étoffe dont on a besoin dans le commerce ; au moyen de quoi, l'aune nationale seroit censée divisée en cent parties égales qui s'écriroient en figures décimales. On s'habitueroit bientôt à exprimer, de cette maniere, les quarts et trois quarts, tiers et deux tiers d'aune, puisqu'ils seroient les 0$^{au}$,25. 0$^{au}$,75. 0$^{au}$,33. 0$^{au}$,66 ; nombres faciles à graver dans sa mémoire.

II. Je passe à la mesure des surfaces. On sait qu'en général elles s'évaluent par le produit de deux dimensions linéaires ; les mesures de longueur, qu'on vient de déterminer, serviront donc aussi à

---

pas la longueur prescrite, soit parce que dans les fabriques on diminue peu à peu, et d'année en année, les largeurs des étoffes, qui sont cependant déterminées par des ordonnances. Ce dernier abus est très-grave ; mais les fabricans s'en excusent sur ce qu'ils prétendent qu'une légere différence n'est pas apperçue par la plupart des acheteurs, tandis qu'une augmentation dans le prix de la chose leur seroit très-désagréable. On sent combien un tel raisonnement est vicieux, puisqu'il tend continuellement à la supercherie.

On remédieroit, ce me semble, à toute tromperie, en laissant une liberté entiere pour la largeur des étoffes, parce qu'alors les particuliers les feroient mesurer avant que de les acheter ; où, s'il y a des raisons pour donner des limites à ces largeurs, il faudroit que les fabricans fussent obligés d'écrire sur le chef de chaque piece la largeur réelle qu'ils lui ont donnée.

cet objet. On aura des lignes quarrées, des pouces quarrés, des pieds quarrés, des perches quarrées, dont chacun sera alors cent fois plus grand que celui qui le précede immédiatement dans cette énumération.

C'est ici principalement où l'on sentira le précieux avantage des parties décimales, qui abregent beaucoup les multiplications, sans surcharger l'attention ni la mémoire. Le produit des deux dimenfions de la surface donnera, non-seulement les mesures quarrées de tous les ordres qu'elle contient, mais encore son étendue en mesures rectangulaires ayant pour côtés telles sous - espèces qu'il plaira de considérer. Cette méthode remplacera parfaitement toutes les espèces de toisé de superficie, employées jusqu'à présent : cependant, pour faciliter l'évaluation des terreins, soit des terres labourables, soit des prés, des bois, des étangs, des jardins, etc. on appellera *arpent national*, l'assemblage de cent perches quarrées, c'est-à-dire, un quarré de dix perches de long sur dix perches de large, ou l'équivalent. Les fractions d'arpent seront décimales, et coïncideront, comme cela est évident, avec les autres mesures quarrées plus petites énoncées ci-devant.

Le nom d'arpent satisfait à l'usage déja établi. Tout le monde sait, néanmoins, qu'il est donné à des étendues de terrein très-différentes, et que sa grandeur varie, soit par un nombre de perches plus ou moins considérable, soit parce que ces perches sont de longueurs différentes, soit pour diverses natures des terreins. Indépendamment de ces premiers inconvéniens, dans certaines provinces on compte par *journaux, ouvrées, soitures, fauchées, acres, etc.* diversité qui entraîne sans doute une grande confusion. Le nouvel ordre de choses qu'établit l'Assemblée nationale, fait pressentir le besoin prochain d'évaluer toutes les terres en mesures pareilles, ce qui faciliteroit singuliérement la confection d'un cadastre général de toutes les propriétés foncieres.

L'arpent national, tel que je le propose, ou de cent perches quarrées, n'équivaudroit qu'à 288$^t$,90 et quarrées ; tandis qu'à Paris, l'arpent actuel est de 900$^t$ pour les terres labourables, et de 1344$^t$,4 pour les eaux et forêts. Cette différence paroîtra peut-être choquante à bien des personnes : cependant je leur observerai qu'il est plus convenable de donner un nom particulier à une petite étendue de terrein qu'à une grande, parce que les petits propriétaires s'en feront une idée plus nette , et que les grands , qui savent écrire et calculer , ne seront pas embarrassés , quel que soit l'usage adopté , d'autant plus qu'il est bien facile de se souvenir que 10000 arpens font un *millaire quarré* ( c'est-à-dire , un quarré d'un millaire , ou mille perches de longueur , et d'un millaire de largeur ). On peut néanmoins proposer une autre méthode. C'est de faire l'arpent égal à 1000 perches quarrées , et conséquemment 1000 arpens feroient le millaire quarré. Dans ce nouvel arrangement , l'arpent vaudroit 2889$^t$,04 , et seroit un peu plus que double de celui actuel des eaux et forêts. Cet arpent pourroit alors être considéré comme un rectangle de 10 $^{perches}$ sur 100 $^{perches}$ de côtés , et on le subdiviseroit aisément en demis , tiers , quarts , demi-quarts , facilement exprimables en décimales , coïncidant toujours avec les perches , les pieds et autres mesures nationales ci-devant établies.

Enfin , les grandes surfaces , telles que celles des royaumes , provinces , départemens , etc. seroient évaluées en *millaires quarrés* (1). Pour peu qu'on ait d'habitude du calcul des décimales ( et cette habitude est facile à acquérir ), on suivra sans peine la correspondance de cette mesure avec les précédentes.

III. La troisieme sorte de mesures d'étendue renferme deux subdivisions qui , au fond , rentrent l'une dans l'autre. La premiere est la cubature des corps solides , désignée ordinairement sous les noms de *solidité , solide* ou *cube*. La seconde comprend la cubature des liquides et des corps en grains , en poussiere , ou susceptibles enfin de remplir des vaisseaux d'une capacité connue.

1°. Les cubatures de tous les corps solides , quels qu'ils soient ,

---

(1) Le millaire quarré vaudroit 2889048$^t$,0784 , et seroit à la lieue de Paris quarrée ( 4000000$^t$ ) à peu près comme 29 est à 40; c'est-à-dire en feroit presque les $\frac{3}{4}$.

On trouvera , par exemple , que l'expression de l'étendue d'un département , que l'on dit aujourd'hui de 364 lieues quarrées , sera de 502$^{mil}$,066 quarrés ; et *comme cette étendue n'a pas été prise dans des limites certaines , on peut très-bien négliger la fraction jusqu'à l'arpentage exact qui en donneroit infailliblement une ,* aussi-bien pour la lieue que pour le millaire. Il n'y aura pas plus de difficultés pour les districts , entre lesquels il y a encore plus d'inégalité.

A l'égard des cantons , comme les 4 lieues quarrées répondent à 5$^{mil}$,517 quarrés , on aura la faculté , ou d'en exprimer l'étendue par 5 millaires et demi quarrés , ou de la porter à un des deux nombres entiers au-dessus ou au dessous.

peuvent être exprimées en nombres de *lignes, pouces, pieds* et *perches, cubes nationaux.* Suivant cet ordre, ces mesures sont la millieme partie les unes des autres, et les plus petites sont par conséquent exprimables en décimales des plus grandes. D'où il résulte que, dans un nombre quelconque de ces mesures cubes avec décimales, si, à compter de la virgule, on sépare ces décimales de trois en trois, chaque ternaire, suivant son rang, représentera le nombre de mesures cubes de l'ordre qui lui appartient; et en outre, le premier et le second chiffre de ce ternaire indiqueront des parallélipipedes ayant pour bases les quarrés de l'unité linéaire de l'ordre précédent et de celle du ternaire, et pour hauteur, inversement, ces deux mêmes unités. L'ordre décuple est donc encore ici très-avantageux pour les sous-espèces successives des cubes ( 1 ).

Ainsi, par exemple, les bois de toute espèce seroient mesurés d'après ces principes, et la dénomination et l'usage très-incommode de *la solive* seroient abolis. Néanmoins, comme un assemblage de pieds cubes pourroient paroître une chose assez compliquée au peuple, et qu'il est déja accoutumé à acheter les bois de chauffage à la corde (2), si on juge à propos de conserver cet usage, on pourroit établir un *moule national* pour mesurer les bois de chauffage, et donner à ce moule une cubature de 100 pieds cubes nationaux; savoir, 7$^{\text{pi}}$,5 pour la longueur du moule, 4$^{\text{pi}}$ pour sa hauteur, et 3$^{\text{pi}}$,333 ( ou 3.$^{\text{pi}}\frac{1}{3}$) pour la longueur des bûches. Ces dimensions sont combinées de maniere à conserver aux bûches la longueur que l'ordonnance des eaux et forêts leur a fixée (3); mais

---

(1) A présent, lorsqu'il s'agit d'évaluer un cube dont les dimensions sont complexes, on a un résultat différent, seion la maniere dont on fait les multiplications des trois facteurs. Le produit final peut représenter, ou des mesures cubiques seulement, ou, avec des cubes, des parallélipipedes assez embarrassans à concevoir. L'établissement des décimales, pour toutes les sous-espèces, rendroit ces considérations beaucoup plus simples, et ôteroit toutes les difficultés et les équivoques de nos toisés.

(2) Suivant l'ordonnance des eaux et forêts de 1669, la corde est formée de bûches dont la longueur est 3$^{\text{pi}}\frac{1}{2}$, les deux autres dimensions de la corde étant 8 pieds pour la longueur, et 4 pieds pour la hauteur.

(3) Le pied de roi est égal à 9$^{\text{po}}$,8055 nationaux; par conséquent 3.$^{\text{pi}}\frac{1}{2}$ de roi valent 3$^{\text{pi}}$,43192, qui ne different pas d'un pouce de 3$^{\text{pi}}$,333 proposés pour la longueur des bûches.

il seroit très-aisé de faire un autre arrangement, dans le cas possib
d'un changement à la loi actuelle sur la coupe des bois (1).

La dénomination *de moule* paroît plus convenable que celle *a*
*corde*, parce qu'elle rappelle mieux l'idée de l'arrangement de
bûches dans un cadre rectangulaire ; tandis que celle de corde sem
ble annoncer une mesure arrondie, qui seroit très-vicieuse si ell
n'étoit pas exactement circulaire, parce que son contenu seroit va
riable. Le moule seroit divisible en demis et en quarts, pour la fa
cilité des gens peu fortunés.

Quant aux bois de coterets qui n'ont, suivant l'ordonnance, qu
deux pieds de roi de longueur, on pourroit porter cette longueur
deux pieds nationaux ( ce qui est un changement imperceptible su
une chose de si peu de valeur ), et les vendre de même au moul
de 100 pieds cubes. De cette maniere, le même chassis serviroit pou
les bois ordinaires et les coterets, en changeant seulement, pour ceux
ci, la traverse horizontale supérieure, et la plaçant à 3$^{pi}$,333 a
dessus de l'inférieure. La dimension horizontale du chassis étant de
7$^{pi}$,5, il contiendroit ( avec le changement dont on vient de parler )
$\frac{1}{2}$ moule de coterets ; et un quart seulement, si cette dimensior
n'étoit que de 3$^{pi}$,75 : cela est évident.

2°. De toutes les espèces de mesures dont nous nous servons, la
plus variée est, sans contredit, celle des mesures de capacité. Aussi
est-ce par rapport à elles que le besoin d'une réforme a été le
mieux senti, et qu'on y a vu en même temps le plus de difficulté.
Comment en effet auroit-on pu prendre un terme moyen entre tant
de diversité de noms, de continences, de subdivisions et d'usages (2)?
Quel que soit celui qu'on eût adopté, il auroit toujours causé un
grand dérangement dans les habitudes de la partie la plus nombreuse
de la société ; et il ne falloit peut-être pas moins que la destruction

---

(1) L'auteur du commentaire de l'ordonnance des eaux et forêts observe ( au
sujet de l'ancien usage de la ville d'Orléans ) que 5 pi $\frac{1}{2}$ de roi seroient plus convenables que 3 pi $\frac{1}{2}$ pour la longueur des bûches. Voyez les raisons qu'il en
apporte. pag. 336 et 337. En supposant qu'elles soient bonnes, on pourroit donner aux bûches du moule national 5 pieds de longueur, les deux autres dimensions du moule étant 5 pieds et 4 pieds.

(2) Le tableau des mesures de Paris, que je presenterai ci-après, pourra donner
une idée de la confusion résultante de la multiplicité de ces objets.

des redevances féodales , et la révolution arrivée dans notre organisation , pour rendre possible l'établissement de l'uniformité dans
les mesures de capacité. Mais aujourd'hui nous pouvons espérer
d'étouffer les réclamations de ceux qui tiennent par inertie à leurs
anciennes pratiques ; et si , pour parvenir à l'uniformité , nous sommes forcés d'introduire des nouveautés dans le système de nos mesures , tâchons au moins d'en établir toutes les parties dans l'ordre
le plus simple et le plus régulier.

Les corps en grains , ou en poussiere , ou liquides , et tous ceux
que nous ne pouvons contenir que dans des vaisseaux , se mesurent
ordinairement par leur volume , ou par leur poids. Le premier
moyen est souvent plus expéditif et moins embarrassant ; le second
donne plus de précision : mais l'un et l'autre sont bons dans certains
cas. Celui-ci convient mieux pour les matieres dont la qualité peut
être jugée au goût ou par d'autres expédiens ; celui-là est indispensable lorsque l'humidité peut imprégner les substances de façon à
en changer considérablement le poids , sans que leurs volumes, ou
autres apparences extérieures , en soient aussi sensiblement affectés.

Je vais m'occuper d'abord de la mesure des volumes ; ce qui concerne les poids sera traité dans un article séparé , comme je l'ai
déja annoncé.

Quelle que soit la destination des mesures , le meilleur moyen de
les simplifier et d'en faciliter l'usage , est de les rapporter toutes à
une même unité dont les multiples et les subdivisions soient faits
par dixiemes successifs. Je crois au moins que cette proposition doit
paroître déja appuyée de raisons très-fortes , qui se confirmeront de
plus en plus par la suite. Ainsi , puisque le volume des corps con-
tenus dans des vaisseaux est assujetti aux dimensions de ces vaisseaux , et que le pied cube peut être censé l'unité de l'étendue à
trois dimensions en général , je proposerai d'adopter encore ce même
pied cube pour celle de toutes les mesures de capacité , et de le di-
viser en dixiemes , centiemes et milliemes , pour représenter les
mesures plus petites.

Si l'on disoit qu'il vaut mieux conserver la pinte de Paris , assez
généralement connue dans le royaume , et y rapporter toutes les
autres capacités, je répondrois à cela que , l'étalon de cette pinte
étant lui-même arbitraire , il faudroit continuellement en avoir un
exactement semblable , ou au moins s'en procurer l'équivalent par

4

la connoissance de la quantité de pouces cubes de sa continence (1). Or, cette quantité est un nombre entier et fractionnaire, très-incommode à retenir ; et d'ailleurs l'ordre actuel des multiples et subdivisions de la pinte ne pourroit pas être conservé, non plus que leurs dénominations. Ainsi, dans presque tout le royaume, on supporteroit la peine d'un grand changement, sans être dédommagé par les avantages de la simplicité du remplacement. Les mêmes raisons peuvent s'appliquer à toute autre mesure de capacité actuellement existante.

Mais en ne donnant aux mesures de capacité que les valeurs exactes du pied cube, de ses multiples et de ses subdivisions, comment désignera-t-on ces mesures : car le public donnera toujours un nom particulier à chaque vaisseau différent dont il fera usage : or, *pied cube* est en deux mots, et présente l'idée d'une combinaison de dimensions peu facile à concevoir, sur-tout lorsque le corps dont on parle n'a pas la forme cubique ; et les expressions de dixieme, de centieme, de millieme, indiquent plutôt des divisions numériques, pour lesquelles on sous-entend telle unité qu'on veut, que des mesures absolues ?

J'avouerai ici qu'il n'est pas aisé de satisfaire à cette demande. Les dénominations anciennes n'offrent aucune analogie; elles sont nombreuses et bien différentes d'une extrémité de la France à l'autre. Cependant, vu la presqu'impossibilité de mieux choisir, et puisqu'on n'a besoin que de trois ou quatre noms, je proposerai de nommer l'unité des mesures de capacité, simplement *mesure* (2), *proto-mesure* ou *protade*; son dixieme *décade*; son centieme *écatade*; et son millieme *chiliade*; ces mots, dérivés du grec, rappellent

---

(1) On auroit bien besoin de déterminer cette continence par une expérience directe; car cette pinte passe communément pour être de 48 pouces cubes de roi, et il y a apparence que ce n'est qu'un à peu près. Dans l'encyclopédie méthodique, pour la partie du commerce, tom. III, partie 1, pag. 144, il est dit : » La pinte qui sert de modele à l'hôtel-de-ville de Paris, mesure 47 $\frac{2}{7}$ pouces » cubes, et *l'eau de Seine* qu'elle contient pese 30 onces 3 $\frac{1}{2}$ gros, poids de marc. » Cependant, si l'on calcule le poids de 47 $\frac{2}{7}$ pouces *d'eau distillée*, on le trouve plus fort que le précédent; il y a donc encore ici contradiction.

(2) Dans beaucoup d'endroits du royaume, le mot de *mesure* est déjà usité pour désigner l'unité de celles dont on se sert pour le bled.

la valeur relative des mesures, et n'ont rien qui blessent les oreilles et le génie de notre langue.

Par cette adoption, les mesures de capacité seroient extrêmement simples. La mesure, ou protade, vaudroit un pied cube ( 1000 po. c. ); la décade 100 pouces cubes; l'écatade 10 pouces cubes; et la chiliade 1 pouce cube. Quelle que soit la forme des vaisseaux, et afin de rendre les mesurages plus faciles, on pourroit avoir aussi des demi-mesures, des demi-décades, des demi-écatades, des mesures doubles, triples, quadruples, quintuples, et donner encore le nom de *muid* à l'assemblage de dix mesures. Je vais faire voir que, par ces moyens, on mesureroit très-commodément les bleds, le sel, les charbons de bois ou de terre, les vins, et enfin généralement toutes les matieres de cette espèce employées dans le commerce pour servir à nos besoins.

La pesanteur spécifique du bled de froment est à peu près les $\frac{3}{4}$ de celle de l'eau (1). Or, on sait que le pied cube ( de roi ) d'eau pese 70$^{li}$, et conséquemment le pied cube national 74$^{li}$,25 ; ainsi, le poids de la mesure de bled seroit d'environ 56$^{li}$,85. On voit que cette mesure peut être employée facilement dans les marchés, de même que la demi-mesure et la mesure double. Il est bon de leur conserver la forme cylindrique, adoptée jusqu'ici, parce qu'elle réunit la solidité et la légéreté. Nous verrons plus loin les dimensions qui leur conviennent, pourquoi elles doivent être toujours les mêmes, et la maniere de prévenir toute erreur sur leur continence. On peut aussi mesurer le bled, ou d'autres graines, avec *la décade ;* mais celle-ci est assez petite pour comporter la forme cubique sans inconvénient. Ses dimensions seroient 4$^{po}$, 5$^{po}$, et 5$^{po}$; et celles de l'écatade 2$^{po}$, 2$^{po}$, et 2$^{po}$,5.

Dans les greniers à sel on mesure cette substance par son volume qui est toujours assez considérable, et chez les regrattiers il se vend au détail, à raison de son poids. Ces méthodes sont également vicieuses et inexactes; car, d'un côté, l'humidité dont le sel se charge, augmente prodigieusement son poids ; de l'autre, des changemens de température, ou d'autres circonstances, produisent dans les marais salans des accidens de crystallisation, par lesquels

---

(1) Puisque le boisseau de Paris ( 644$^{po}$,66 cubes ) est estimé peser 20 livres.

le sel prend quelquefois la forme de trémie creuse, et dans ce cas le volume est une représentation très-infidelle de la quantité de la matiere. En outre, l'humidité que le sel éprouve dans les magasins où il est déposé, occasionne des agglomérations de crystaux, auxquelles on donne le nom de *roses*; et lorsque la racloire, mue horizontalement au dessus des minots ou boisseaux, rencontre une de ces roses, elle la renverse et laisse un creux dans la mesure où le déficit peut aller jusqu'à une dizaine de livres. Il seroit difficile de remédier entiérement à tous ces inconvéniens, mais la diminution actuelle et future du prix du sel les rend moins importans; et, dans les cas où la loi aura fixé la convenance des mesures de capacité, la quantité de cette matiere sera facilement évaluée par la mesure simple, celle double, la demi-mesure, etc. en bois et de forme cylindrique, puisque le poids du pied cube national de sel seroit de $71^{li},08$ (1).

Rien n'empêche non plus de vendre à la mesure et au muid, les charbons de bois et ceux de terre. Ces matieres se mesurent ordinairement comble, et leur nature ne permet guere de s'écarter de cet usage. Il faut donc régler la capacité des mesures, de maniere que, le comble compris, elles aient la cubature requise. Je déterminerai bientôt les dimensions de ces sortes de mesures; il suffira, pour le moment, de savoir que le muid, ou dix pieds cubes de charbon de bois, peseront $159^{li},11$; et que la *benne* (2), ou double mesure de charbon de terre, pesera $124^{li},428$, poids qui permettent de les manier avec aisance.

---

(1) Cette évaluation est conséquente à celle de 4800 livres de pesanteur attribuée au muid de sel de Paris.

(2) Dans les pays où l'on consomme beaucoup de charbon de terre, il s'élève souvent des contestations et des réclamations sur la différence des bennes dont on se sert pour mesurer.

Par exemple, on voit une ordonnance de l'intendant de Lyon, du 22 janvier 1782, qui fixe les prix des diverses bennes de charbon usitées dans les cantons circonvoisins. Ces bennes sont principalement celles de *Mouillon*, de *Givors* et de *Lyon*; elles sont entre elles dans les rapports de 20 à 15 à 12; mais leurs formes sont d'ailleurs si irrégulieres, que leur cubature, sur-tout avec le comble, devient très-incertaine. On entend tous les jours des plaintes à ce sujet, et l'on rendroit un grand service à ceux qui achetent du charbon de terre, et même à ceux qui vendent de bonne foi, en établissant pour sa mesure des vaisseaux cylindriques d'un diamètre et d'une capacité semblable par-tout.

Enfin, les mêmes mesures nationales, c'est-à-dire le muid, qui est 10 pieds cubes, et ses subdivisions, jusqu'à la chiliade qui est un pouce cube, serviront facilement à mesurer le vin, l'eau-de-vie, l'huile, le miel et tous les liquides ; ces mesures remplaceront les setiers, les pintes, les chopines, etc. et pourront être faites en métal, avec les formes dont je parlerai ci-après. On verra aussi qu'il n'est pas nécessaire, du moins pour le moment, d'abroger les gros vaisseaux actuels de capacité, tels que les barriques, tonneaux, pipes, feuillettes et autres du même genre (1). Ces futailles sont aujourd'hui évaluées à *la jauge* qui indique le nombre de setiers ou de pintes qu'elles contiennent ; le même procédé donnera également la quantité de mesures, de décades et d'écatades de leur capacité ; et cette quantité sera directement exprimée, et plus exactement encore, par la cubature résultante du mesurage des dimensions du vaisseau avec le pied national : cela n'a pas besoin d'explication, si l'on a bien compris ce qui précède.

Le pied formé par le tiers de la longueur invariable du pendule à secondes, pris dans un lieu fixe et unique, est donc propre à être l'unité fondamentale de toutes les sortes de mesures d'éten-

----

(1) On pourra aussi continuer de se servir des bouteilles de verre qui existent aujourd'hui ; mais il est bon que l'on ne soit pas induit à erreur sur leur continence réelle. Il y a une ancienne ordonnance qui enjoint aux verriers de donner aux bouteilles précisément la capacité d'une pinte de Paris, ou de sa moitié. Cependant il s'en faut de beaucoup que cette loi soit exécutée, et on fabrique, presque par-tout, des bouteilles plus petites et plus grandes, pour satisfaire aux diverses demandes des acheteurs. Le réglement qui devoit empêcher les surprises à la bonne foi, est donc devenu la cause qui les rend plus fréquentes, par la confiance qu'il inspire mal à propos à quelques-uns. Si l'on jugeoit convenable de laisser une liberté entiere sur ce genre de fabrication, les particuliers seroient les maîtres, dans les achats en gros, de mentionner le nombre de bouteilles nécessaires pour faire une mesure, un tonneau ou un autre vaisseau connu ; et quant aux petites quantités de liqueurs, qui se vendent en détail, elles seroient mesurées avec des chiliades, des écatades, etc. Si au contraire il paroit indispensable d'ordonner l'uniformité des bouteilles dans tout le royaume, il sera facile de se conformer au systême des mesures nationales ; car une pinte de Paris, ou 47 $\frac{2}{7}$ pouces cubes de roi, équivalant à 25po,796146 cubes nationaux, on pourroit faire des bouteilles de 25 pouces cubes seulement, qui vaudroient un quart de décade, et d'autres contenant 3o pouces cubes ou 3 écatades. L'une et l'autre manieres n'occasionneroient, comme on le voit, qu'un très-petit changement à notre usage actuel.

due (1) ; de plus, je viens de montrer comment on pouvoit les assujettir à une seule échelle de divisions décimales. Je vais tâcher de résoudre le même problême à l'égard des poids.

## Des poids.

Quoique les poids admis en France ne soient pas aussi diversifiés que les mesures de capacité, il ne laisse pas que d'y en avoir plusieurs sortes, qui occasionnent de la confusion et de l'embarras dans leurs réductions réciproques. Le poids de marc est usité dans tout le royaume pour peser l'or et l'argent; et, dans une partie seulement, il est employé pour toutes les autres marchandises. Paris est de cette partie; on s'y sert exclusivement de la livre de marc, à l'exception cependant de quelques cas où l'on prend *le poids de médecine*, qui n'est que de 12 onces. A Lyon il y en a de deux sortes : *le poids de ville*, égal à 14 onces ; et celui *de soie*, de 15 onces. Dans la Provence et le Languedoc, c'est un autre poids surnommé *de table*, qui est lui-même variable, et approche de 13 onces. Enfin, on pese à Rouen avec *le poids de vicomté*, qui donne, pour le quin-

---

(1) Il résulte des recherches faites sur les mesures des anciens, qu'ils avoient un pied pythique tiré de la longueur du pendule, un autre pied géométrique sous-multiple d'un dégré du méridien, et que, de la cubature de ces premieres mesures, ils avoient dérivé celles de capacité et les poids. ( Voyez la métrologie de M. de Romé de l'Isle et l'histoire de l'astronomie de M. Bailli. ) Mais il y avoit de l'irrégularité dans la loi des sous-divisions successives de ces mesures ; car le partage s'en faisoit, ou par 3 ou par 4, ou encore par des multiples de l'un ou de l'autre de ces nombres. Ainsi, ce système étoit moins simple que celui que je propose aujourd'hui. J'ai déja eu l'occasion de faire sentir la convenance de l'admission de l'ordre décuple pour les divisions de nos mesures, parce que cet ordre étoit celui de notre numération : on pourroit aussi rechercher les raisons de préférence qui ont décidé les Arabes, alors très-savans, à l'établir telle qu'elle est, et l'on reconnoîtroit bientôt que la commodité que nous trouvons dans les sous-espèces qui sont en même temps multiples du nombre 3 et du nombre 4, tient plus à notre habitude actuelle qu'à nos besoins réels. En effet, l'adoption exclusive du calcul décimal rendroit beaucoup plus rares les cas où il est nécessaire de prendre le tiers ou le quart d'une, de deux ou de trois unités d'une mesure quelconque ; et d'ailleurs, en considérant cette unité comme composée de 100 parties, son tiers, son quart, et même ses deux tiers et ses trois quarts, sont très-faciles à prendre de mémoire, comme je l'ai déja dit en parlant de l'aune. La même remarque se présentera encore au sujet des monnoies ; et je crois que l'objet en paroîtra suffisamment éclairci.

tal, 104ᵗⁱ, 106ᵗⁱ ou 108ᵗⁱ, suivant les matieres pour lesquelles on emploie ce poids.

L'étalon du poids de marc est conservé à Paris, dans le cabinet de l'hôtel des monnoies, et est fermé sous trois clefs. Le public ignore d'après quelles bases cet étalon a été lui-même formé ; il est donc arbitraire, au moins pour nous. Mais il a servi de modele à celui du châtelet, et à ceux déposés dans toutes les cours des monnoies du royaume. Malgré ces dispositions premieres, la parfaite conformité des poids à leurs matrices, est une chose très-incertaine ; car les livres de commerce se contredisent (1) sans cesse sur la valeur relative des poids ; ce qui prouve que ces rapports ont été déterminés grossiérement et sans aucune précision, ou qu'il est survenu, par le laps de temps, des changemens réels à quelques-uns des poids originaux.

Cet exposé montre évidemment la nécessité où l'on est de fonder

---

(1) J'en citerai seulement deux exemples, qui feront voir combien l'on seroit dans l'erreur, si, pour des expériences délicates, on admettoit sans examen les résultats que présentent des livres qui semblent faits pour mériter notre confiance.

Voici le premier : » 100 livres de Marseille font à Paris 81 livres, et 100 livres » de Paris font à Marseille 123 livres et demie. » ( *Encyclop. math. comm.* tom. III, part. 1, pag. 41, ) Comment accorder cette évaluation avec celle-ci ?

» A Marseille........ on se sert du poids de table, qui est $21\frac{7}{8}$ pour cent plus » foible que le poids de marc de France. » (*Encyclop. met. comm.* tom. III, part. 2, pag. 405.)

Le second exemple est encore plus frappant.

» A Amsterdam, le poids de marc se nomme *poids de Troy*; il est égal à celui » de Paris. » ( tom. III, part. 1, pag. 68. )

» Le marc...... en usage à Amsterdam...... et dans toute la Hollande, est » exactement le même que celui de Bruxelles...... Ce dernier répond, suivant » l'essai qu'en a fait M. Tillet, à un marc et 12 grains, ou en tout 4620 grains, » poids de France. ( tom. III, part. 2, pag. 391. )

» *France.* Le marc........pour trouver son rapport, relativement à celui du » marc de Hollande, il nous suffit que ce dernier réponde, suivant M. Tillet, à » 4629 grains, poids de France. » ( *Idem* pag. 400. )

Je veux bien, en ce moment, écarter la discordance de la premiere citation ; mais laquelle des deux autres évaluations faut-il croire ? Voilà 18 grains d'erreur sur une livre, et ce n'est pas une simple faute d'impression ; car, d'une part, *un marc et 12 grains* ainsi écrits, s'accordent avec 4620 grains ; d'autre part, l'évaluation du marc de Hollande à 4629 grains, est suivie de celle du marc de France en *as de Hollande*, qui lui est conséquente, comme on le voit à la suite du passage rapporté.

l'étalon des poids sur une base fixe et immuable. Cette base ne peut-être que le poids d'un corps homogène, et d'une densité constante, sous un volume déterminé; et l'eau distillée, par exemple, réunit ces qualités (1), lorsqu'elle a la même température. Ainsi, si l'on vouloit conserver la livre poids de marc, déposée à la monnoie de Paris, et prévenir toute inquiétude sur l'altération de son étalon, il faudroit déterminer les dimensions d'un volume d'eau d'un poids égal, et ce volume seroit d'environ 13ᵖᵒ,4682507 cubes nationaux. De plus, il faudroit vérifier la conformité des autres étalons dans tout le royaume, en substituer de nouveaux dans une grande partie de son étendue, changer, dans cette partie, des habitudes invétérées qui pourroient donner lieu à des prétentions sur la préférence du poids à conserver; et après tout cela, nous serions encore dans le même cas dont j'ai déja parlé pour les mesures de capacité, c'est-à-dire, que la vérification de nos poids seroit toujours incommode, et la maniere de les compter très-compliquée. C'est d'après ces considérations, et guidé par le motif de la réunion de l'avantage du commerce et de la perfection des sciences, que je propose de prendre, pour l'unité des poids, ou livre nationale, celui de 10 pouces cubes d'eau, au lieu de 13ᵖᵒ,46 etc. (2). Cette

---

(1) Les Chymistes reconnoissent aussi que le métal revivifié du muriate d'argent, a un dégré de pureté constamment le même; par conséquent si on le fondoit dans un creuset de coupelle, en lui faisant subir un coup de feu précis ( déterminé par des expériences préliminaires, au moyen du piromètre de *Wcgdwood* ) et que, ce dégré une fois atteint, on l'exposât à un refroidissement gradué semblablement, il est très-probable que le lingot d'argent résultant auroit une densité pareille, toutes les fois que l'on conduiroit l'opération de la même maniere; c'est-à-dire, que les poids des masses de ce métal seroient toujours proportionnels à leurs volumes. On pourroit donc représenter l'unité de tous les poids par celui d'un cylindre d'argent dont les dimensions seroient en même temps sous-multiples exacts de la longueur du pendule à secondes, et se procurer ainsi, dans un seul corps, un étalon unique d'étendue et de pesanteur. Cependant l'homogénéité de l'eau distillée est peut-être encore plus sûre, et il y a d'ailleurs bien d'autres raisons de la préférer, que j'indiquerai tout à l'heure.

(2) La pesanteur spécifique du mercure étant d'environ 13,5681, un pouce cube de ce métal auroit pu fournir une livre bien peu différente de la livre poids de *marc* actuelle; mais malheureusement on ne connoît pas de procédé pour obtenir ce fluide métallique d'une pureté toujours semblable.

Quant à l'argent pur, sa pesanteur spécifique étant de 10,4743, l'adoption d'un pouce cube de ce métal, pour former la livre, donneroit des résultats bien

livre vaudroit 0,743 de la livre poids de marc, ou 11 ou 7 gros 8 grains ; elle seroit à très-peu près ce qu'est la livre, poids de médecine, peu différente de celle usitée à Marseille, et par conséquent admissible (1). On la subdiviseroit en dixiemes, centiemes, milliemes et dix milliemes, qui, dans la société, porteroient respectivement les noms anciens *d'once*, *de gros*, *de denier* et de *grains*; et, au moyen de cette disposition, le grain seroit lepoids d'une ligne cube d'eau ( à peu près les $\frac{2}{7}$ du grain actuel ); le denier, celui de dix lignes cubes; le gros, le poids de 100 lignes cubes; l'once, d'un pouce cube ( et peu différente de celle d'aujourd'hui ); la livre, de 10 pouces cubes; enfin, le quintal, d'un pied cube.

Cette méthode, outre les avantages de la simplicité, en présente encore d'autres, que voici. L'eau de pluie étant la même que l'eau distillée, on pourra, avec beaucoup de facilité et sans calcul, se servir des poids pour jauger les vases les plus irréguliers. En effet, 100 livres d'eau mesureront un pied cube ou une *mesure*; dix livres feront la *décade*, une livre l'*écatade*, une once la *chiliade*; et cette opération, dans bien des cas, sera suffisamment exacte, en employant tout simplement de l'eau de puits ou de celle de riviere. D'autre part, on connoîtra toujours le poids de l'eau sous tous les volumes possibles exprimés en pieds, ou décimales, ou multiples de pieds, et cette connoissance rendra bien plus aisée la détermination du poids de toutes les matieres quelconques, sous quelque volume que ce soit, pourvu que l'on ait la table de leurs pesanteurs spécifiques. Par exemple, s'il s'agissoit de savoir le poids de 24pi,578 cubes d'or, on diroit, 24pi,578 cubes d'eau pesent, à raison de 100li par pied cube, 2457li,8 : ainsi, en multipliant simplement ce nombre par 19,2581 ( pes. spéc. de l'or ), le produit seroit le poids de l'or cherché.

---

peu différens de celle de 10 pouces cubes d'eau, à cause de l'ordre décuple qu'il convient d'établir entre toutes les subdivisions de nos poids ; ainsi, l'eau distillée doit encore obtenir la préférence.

(1) Romé de l'Isle, dans sa métrologie, rapporte que la livre romaine ne valoit que 10 onces 4 gros de notre poids de marc actuel. Voyez les preuves dans l'ouvrage même. Cette observation est bien faite pour dissiper toute inquiétude sur la convenance d'une livre de 11 onces 7 gros 8 grains, telle que je la propose.

Mais il ne suffit pas d'avoir présenté en spéculation l'unité de poids la plus convenable, avec les relations de ses sous-espèces, il faut encore indiquer la maniere de se procurer réellement leurs étalons. Cette opération est délicate et exige beaucoup de soins; c'est pourquoi je vais entrer dans les détails qui la concernent. J'espere faire voir que, les phénomenes sur lesquels je m'appuie, étant constans par leur nature, il sera toujours possible de refaire un étalon de livre précisément le même, d'après la seule description des procédés à employer; et cependant, pour plus de sûreté encore, je voudrois que l'expérience en fût faite la premiere fois en présence des commissaires de l'académie des sciences.

La premiere chose nécessaire à la détermination dont il s'agit, c'est d'avoir un corps inattaquable par l'eau et d'un volume exactement connu. Pour se procurer ce corps, on peut, par exemple, travailler sur le tour un cylindre de cuivre, de fer ou d'argent. Je propose un cylindre et non pas un cube, parce qu'il y a plus de difficulté à exécuter cette derniere forme, à cause de ses six faces, de ses douze arrêtes ou bords, et de ses huit angles; et que d'ailleurs, pour y mettre de la précision, il faudroit toujours commencer pour faire un cylindre.

La forme cylindrique est encore préférable, en ce qu'on est sûr, au moyen du tour, que ses bases seront bien perpendiculaires à l'axe, et que sa surface convexe peut être parfaitement dressée. Nos habiles ouvriers assurent qu'ils sont en état d'exécuter cet ouvrage avec l'exactitude la plus scrupuleuse; ils lui donneroient en conséquence les dimensions les plus commodes; c'est-à-dire, environ un pouce, un pouce et demi de diamètre, et un ou deux pouces de longueur. Le cylindre étant achevé, on mesureroit ses dimensions avec un pied national chargé d'un *nonius* pour estimer les plus petites fractions de lignes, et on calculeroit sa cubature, en se servant d'un rapport très-approché de la circonférence au diamètre du cercle.

Après s'être mis en possession d'un volume bien connu, on chercheroit le poids d'un pareil volume d'eau distillée et purgée d'air. Pour cela on prendroit, par exemple, un bocal de verre à bords épais, usés à l'émeri fin, et d'une capacité plus que suffisante pour contenir notre cylindre; ce bocal seroit rempli d'eau ( de celle ci-dessus désignée ), puis bouché d'un obturateur chargé d'un poids, ensuite essuyé tout autour avec du papier gris ; et, afin d'enlever le reste d'humidité qui pourroit encore être attachée à ses parois, on porteroit le bocal, dans cet état, sous une cloche pleine d'air desséché à l'extrême, où il resteroit quelques instans ; après quoi on le rameneroit à l'air libre, pour le peser dans une balance très-sensible, avec des poids actuels parfaitement étalonnés, subdivisés jusqu'aux centiemes de grains, et même au-delà. Ce poids pris, on introduiroit le cylindre dans le bocal qui seroit rebouché comme tout à l'heure, porté dans l'air sec, et repesé avec les mêmes précautions. Alors, si on retranchoit ce dernier poids de la somme du précédent et de celui du cylindre, le reste de la soustraction seroit le poids d'un volume d'eau égal à celui de ce même cylindre ; et par une simple proportion, on auroit le poids de dix pouces cubes d'eau, destiné à être l'étalon de la livre nationale.

Je n'ai pas besoin d'avertir que la température influeroit sur ce résultat, ainsi il faudroit en faire mention ; et comme cette circonstance seroit aussi très-importante dans la suite de l'expérience, soit par rapport à l'eau, soit à l'égard des autres corps qui y seroient employés, je me contenterai d'annoncer qu'il convient d'entretenir tous ces corps dans une température constante, et je n'en renouvellerai plus l'observation.

On auroit pu encore trouver directement cet étalon, ou mieux celui de la demi-livre, en prenant plusieurs cylindres, au lieu d'un seul, et leur donnant le volume exact de cinq pouces cubes. Ce moyen seroit très-commode, lorsqu'on auroit fait ces cylindres ; mais c'est à leur égard qu'il y a de la difficulté. Cependant il est possible de les exécuter, par exemple, en quatre pieces : voici comment. Le tourneur feroit d'abord quatre surfaces cylindriques parfaitement dressées, et d'à peu près un pouce de diamètre ; dans la supposition où ces diamètres seroient précisément d'un pouce, la longueur totale des cylindres devroit être $6^{po},366$ ; ainsi l'ouvrier pourroit donner environ le quart de cette longueur à trois d'entre eux. Alors on calculeroit scrupuleusement la cubature réelle de ces trois corps ; on retrancheroit cette cubature, de cinq pouces cubes ; le reste, divisé par la surface effective de la base du quatrieme cylindre, donneroit la longueur qui convient à ce dernier. Ce seroit donc cette longueur qu'il faudroit s'attacher à ne pas dépasser : avec du soin et de la patience, on en viendroit à bout.

Les deux moyens proposés pour déterminer la livre nationale sont également bons et parfaitement exacts en théorie ; mais dans la pratique , la précision a pour bornes celles de notre propre adresse et de nos instrumens. Quoi que nous fassions, il y aura toujours des erreurs dans nos opérations ; et l'on doit être content lorsque l'on a atteint les limites de nos facultés. C'est l'expérience même qui apprendra le procédé auquel il convient de se tenir ; ce sera celui qui , pour des répétitions successives, donnera les plus petits écarts dans les résultats.

Lorsqu'on aura une fois la livre nationale ; ses subdivisions , telles que l'once , le gros, le denier et le grain , se trouveront sans grande difficulté, puisque ce problême se réduira à partager un poids donné en deux , et le demi en cinq parties égales. Cependant , comme cette derniere division demande un instrument particulier , je vais l'expliquer briévement.

On sait que si deux corps pesans appliqués à un levier, et à des distances inégales du point d'appui , se font équilibre , les poids de ces corps sont alors réciproquement proportionnels à leurs bras de levier. Ce principe fournit la solution que nous cherchons. Ainsi l'on pourroit faire faire , avec beaucoup de soin, une balance dont les deux bras du fléau seroient entre eux dans le rapport de 4 à 5 ; et , pour donner à cette balance toute l'exactitude qu'exige l'usage auquel on la destine , on auroit soin de régler les points de suspension de ses bassins de maniere qu'étant chargés de neuf poids égaux ( préparés préliminairement ) placés tellement qu'il s'en trouve cinq dans le bassin du plus petit bras du fléau, et quatre dans le bassin opposé , il y eût équilibre parfait. Cette condition étant remplie , la balance dont il s'agit seroit propre à prendre les $\frac{4}{5}$ d'un poids donné , comme il est évident. Par conséquent, si , après avoir trouvé les $\frac{4}{5}$ d'une demi-livre nationale , on portoit cette demi-livre et son poids de $\frac{4}{5}$, chacun dans chaque bassin d'une balance ordinaire très-exacte , le poids qu'il faudroit ajouter à l'un d'eux pour établir l'équilibre , seroit précisément *l'once nationale* dont nous cherchions la détermination. Le gros , le denier et le grain national s'obtiendroient par une opération semblable. On voit que l'objet en est assez important pour mériter la dépense de l'instrument particulier dont je viens de donner la description. Peut-être seroit-il possible d'arranger une de nos balances actuelles pour la faire servir au même usage , en perçant un des bras de son fléau aux $\frac{4}{7}$ de sa longueur pour y suspendre un petit bassin , et rétablissant l'équilibre par un poids opposé ; mais les détails de cette construction sont inutiles à mon sujet, et il suffit sans doute de l'avoir indiquée.

Puisque l'évaluation de la livre nationale exige une attention scrupuleuse, il est naturel de conserver soigneusement son premier étalon. En conséquence, je désirerois qu'il fût fait d'argent, pour le rendre moins altérable par l'action de l'air, et qu'il fût déposé précieusement à l'hôtel-de-ville de la capitale, avec le procès-verbal de sa détermination. On exécuteroit une autre livre nationale accompagnée d'une once, d'un gros, d'un denier et d'un grain, pareillement en argent, pour placer à l'hôtel des monnoies de la même ville. On feroit en outre, le plutôt possible , d'autres étalons en cuivre pour envoyer dans les chefs-lieux de districts , devant servir de modeles à tous les poids que les particuliers seroient bientôt après dans le cas de se procurer. Et , au moyen de l'instruction et des autres formalités d'exécution, dont je parlerai dans la suite , nous pourrions jouir de l'avantage d'avoir des poids rigoureusement semblables ; de la facilité de les retrouver à volonté par le volume de l'eau ; enfin, de la commodité d'en compter toujours les subdivisions par décimales. Cette uniformité de poids , jointe à celle des mesures d'étendue, forme l'ensemble principal de la réformation dont nous avons un si grand besoin ; mais elle sera encore plus complette , si on se décide à changer quelques-uns de nos usages à l'égard des petites monnoies ; l'ordre que je me suis prescrit me conduit à en exposer les raisons.

## Des monnoies.

Les signes de représentation des objets de commerce dans un même royaume, sont les monnoies courantes ; ces mêmes signes , entre peuples étrangers , sont les valeurs intrinseques des métaux dont les monnoies sont faites.

Si les monnoies étoient de même titre et de même poids dans toutes les nations commerçantes, les comptes de commerce seroient bien plus faciles ; mais le moment de réaliser une pareille concordance n'est pas encore venu : cependant on peut prévoir qu'un jour il arrivera. Il faudroit, pour cela, que les souverains renonçassent à tout droit sur la fabrication des monnoies ; que les puissances convinssent *entre elles* du titre et du poids qu'elles doivent avoir, et qu'elles observassent cette convention avec fidélité ; en telle sorte que les divers poinçons de ces puissances ne servissent que de signature pour assurer que les espèces, qui en porteroient l'empreinte, seroient de bon aloi et du poids requis.

En France, la monnoie est uniforme dans tout le royaume ; mais le titre et le poids en ont été changés plusieurs fois. Indépendamment des raisons politiques ou particulieres qui ont donné lieu à ces variations, l'abondance ou la rareté relative des métaux précieux ont pu et pourroient encore y contribuer. Quoi qu'il en soit, mon projet n'est pas d'examiner. les effets de ces mutations dans la valeur des espèces. Notre usage étant de compter les sommes d'argent par livres, sous et deniers, sans s'inquiéter de la valeur absolue de la livre, je me propose seulement d'indiquer comment on pourroit substituer à nos sous et deniers des décimales de livres, afin de rendre plus faciles, soit les calculs de sommes quelconques, soit les calculs composés de sommes et de mesures dans lesquelles on auroit déja admis l'ordre décimal.

J'observerai d'abord que le mot *livre*, en fait de monnoies, ( qui indique effectivement qu'autrefois on comptoit les sommes par le poids des métaux ) ne doit plus aujourd'hui être pris dans la même acception : aussi l'a-t-on distingué par le surnom de *tournois*. Mais il n'en reste pas moins une sorte de confusion avec la *livre*, poids de marc, ou autre ; et il me semble qu'après avoir accolé pendant quelques temps les deux noms *livre-tournois*, ce seroit bien fait de supprimer entiérement le premier, et de dire, 3 tournois, 6 tournois, 1000 tournois, au lieu des expressions de *livre* ou *francs*, comme on les emploie presqu'habituellement.

Notre *sou* est, comme l'on sait, le 20e. de la livre, et nous avons en monnoies effectives des *sous simples*, des *doubles sous* ou *pieces de deux sous*, d'autres pieces, de 6 sous, de 12, de 24 sous. Il paroît bien facile, sans rien changer à ces pieces, de considérer le sou comme le demi-dixieme de la livre, et même de donner à ce dixieme, ou piece de 2 sous, un nom particulier, tel, par exemple, que celui de *décime*. Le sou seroit alors le *demi-décime*, nos autres pieces deviendroient des pieces de 3, de 6, de 12 *décimes* : il ne faudroit que très-peu de temps pour s'habituer à des changemens si légers ; et l'on apperçoit déja comment ils tendent au système général que j'ai cherché à établir.

La troisieme sous-espèce de la livre nous demande un sacrifice un peu plus grand , et qui cependant n'est pas difficile. Notre *denier* est imaginaire , puisqu'il n'en existe plus ; il est le 240ᵉ. de la livre : mais nous ne pouvons payer une valeur plus petite que celle du *liard* ou 80ᵉ. de livre. Si les erreurs qui en résultent sont regardées à présent comme de peu de conséquence , ne pourrions-nous donc pas faire les calculs d'argent avec décimales de livres , en en portant l'approximation jusqu'aux *milliemes* de l'unité principale ; et payer effectivement jusqu'aux *centiemes* , au moyen d'une petite monnoie que l'on appelleroit *obole* ou *centime* ?

Une telle demande vient assurément dans un moment bien choisi , puisque l'on va s'occuper *d'une nouvelle fonte de monnoie de billon* (1) , pour vingt-cinq millions ; elle n'oblige pas à

---

(1) Le métal des cloches peut être employé utilement à la fabrication de cette monnoie , en le ramenant préalablement à un état tel qu'il soit capable de porter le coin.

On a avancé très-mal à propos, que cette opération est impraticable. En effet, lorsque ce métal est tenu en fusion , de maniere qu'il présente une grande surface à l'air , et mieux encore , que cette surface soit léchée par le vent d'un soufflet, les substances unies au cuivre se calcinent avant ce dernier ; de sorte que , si l'on arrête le feu au moment convenable , le résultat se trouve être un cuivre , sinon parfaitement pur , au moins très-malléable. Or , il est bien connu que ce travail n'est qu'une foible partie de celui pratiqué , en plusieurs endroits , pour obtenir le cuivre même , extrait des entrailles de la terre. Rien n'empêche donc de considérer la totalité des cloches comme une mine de ce genre , toute acquise à la nation ; elle vaut certainement la peine d'être exploitée , puisqu'on pourroit en retirer 66 pour 100 par un procédé simple et d'autant plus économique , que l'on est maître de placer les fourneaux dans des lieux propres à réduire à fort peu de chose les frais de combustibles et de transport des matieres. En voilà assez pour réfuter l'assertion que j'ai voulu combattre.

L'importance de l'objet exigeroit un examen plus approfondi , mais qui est hors de mon sujet : néanmoins j'ajouterai , que vraisemblablement la chymie fournira , pour la séparation du cuivre , quelque moyen encore plus avantageux que celui dont je viens de parler ; et que d'ailleurs , comme l'antimoine des cloches part facilement en vapeurs , on n'auroit qu'à joindre à l'alliage restant une quantité déterminée de cuivre , pour former un vrai métal de canon. Ainsi , quoique je n'assigne pas la valeur précise des cloches , je crois qu'il est toujours bon de faire connoître qu'elles sont susceptibles de plusieurs emplois d'une utilité générale , indépendamment de quelques usages particuliers qui pourroient se présenter.

retirer nos anciennes monnoies , car nos six-liards , nos sous , nos deux-liards et nos liards pourroient être considérés comme des $\frac{3}{4}$ *de décimes ,* des $\frac{1}{2}$ *décimes ,* des $\frac{1}{4}$ et $\frac{1}{8}$ *de décimes ,* quantités faciles à écrire en figures décimales. Ainsi, le cours des anciennes pieces de billion seroit maintenu comme par le passé, à moins que l'on ne préférât de réduire les liards actuels à la valeur du *centime* ou centieme de livre ; ce qui n'entraîneroit pas de bien grands inconvéniens , sur-tout si la loi prononçoit tout de suite cette réduction , sans laisser le temps aux spéculations qui tendroient à rejeter cette perte sur autrui. Dans cette supposition , on conserveroit toujours les pieces de six liards , les sous et les deux-liards , pour représenter les $\frac{3}{4}$ , le $\frac{1}{2}$ et le $\frac{1}{4}$ *du décime* ou dixieme de livre. Les nouvelles monnoies à fondre ne dérangeroient donc rien aux dispositions précédemment établies , si l'on fabriquoit réellement *des centimes , des décimes* et *des doubles ou triples décimes ;* leur correspondance avec nos pieces actuelles est bien sensible.

Il est bon de remarquer que le double-décime étant contenu cinq fois dans la livre , son usage seroit aussi commode que celui de la piece de 5 sous , que l'on paroît avoir intention de remettre en circulation ; car , le nouvel ordre proposé pour les mesures d'étendue et les poids, nous auroit bientôt rendu l'habitude de la division par cinq aussi familiere que celle par quatre. Si cependant on persistoit dans le désir d'avoir des pieces de 5 sous , ou quarts de livre ( comme ces pieces vaudroient 25 centimes, nombre facile à retenir ), on pourroit en fabriquer , sans s'écarter du système des mesures nationales. Mais les pieces de 18 deniers ne pouvant que continuer à rendre les calculs complexes , il seroit fâcheux d'en prolonger la durée , en en faisant fabriquer de nouvelles.

Il me paroît donc évident qu'il est très-possible d'accommoder nos monnoies au même ordre , dont les avantages ont déja été sentis par rapport aux autres mesures ; on a même dû remarquer qu'il suffisoit , pour y parvenir , de créer une seule nouvelle sorte de petites pieces , en conservant nos anciennes telles qu'elles sont, à de légers changemens près dans leurs noms ; il n'est personne enfin qui ne sente l'à propos de la circonstance dans le moment actuel, où il s'agit de fabriquer des espèces de billions pour une somme considérable. Si , malgré cela , l'on rencontroit des obstacles trop grands ou des inconvéniens imprévus ; en un mot, si l'on

craignoit de déranger l'ancien système de notre numéraire, il resteroit encore un moyen pour introduire dans les comptes l'usage
des fractions décimales, sans rien toucher à nos monnoies réelles :
c'est celui que je vais développer.

J'ai déja observé que le denier étoit une monnoie fictive, dont
nous nous servions dans les comptes, et que nous ne pouvions
pas effectuer le paiement de tout ce qui étoit au dessous d'un liard.
Ainsi, les sommes réellement soldées, et celles qui forment un
compte final, pourroient sans inconvénient être écrites *en livres,
sous et liards*, au lieu de livres, sous et deniers ; mais celles
sur lesquelles on doit encore faire quelqu'opération, exigent une
plus grande approximation que celle du liard, pour éviter des erreurs que la multiplicité des combinaisons rendroit trop sensibles.
Si donc on apprend à convertir en décimales de livre, des sous,
dont le nombre ne peut pas excéder 19, et des liards, qui ne
surpasseront jamais 3, et que, cette transformation etant faite,
l'on conserve dans les calculs un nombre de chiffres décimaux
suffisans pour se mettre à l'abri des erreurs dont je viens de parler,
on obtiendra par là les avantages qui appartiennent à cette méthode,
sans qu'il puisse en résulter de mécompte.

En effet, puisque les sous sont des 20$^{es}$. de livre, la moitié de
leur nombre formera des dixiemes ; et dans le cas où ce nombre
seroit impair, les dixiemes résultans seroient accompagnés de 5 centiemes : il n'y a aucune difficulté à cela. Par exemple, $14\,S = 0^{₶},7$
ou $\frac{7}{10}^{₶}$, et $9\,S = 0^{₶},45$ ou $\frac{45}{100}^{₶}$ : il en est de même des autres.

Quant aux liards, qui ne peuvent pas être plus nombreux que
3, et qui sont des 80$^{es}$. de livre, il suffira, pour les convertir en
décimales, de savoir par cœur les trois nombres suivans : 125 . . .
250 . . . 375 ; car, $1^{\text{liard}} = 0^{₶},0125$ ou $\frac{125}{1000}^{₶}$ ; $2^{\text{liards}} = 0^{₶},0250$
ou $\frac{250}{1000}^{₶}$ ; $3^{\text{lia}} = 0^{₶},0375$ ou $\frac{375}{1000}^{₶}$. Les personnes les moins exercées au calcul éprouveront, par elles-mêmes, qu'il faut bien peu de
temps pour acquérir l'habitude de ces sortes de transformations ;
et, par leur moyen, on écrira en décimales un nombre quelconque
de livres, sous et liards, aussi promptement qu'à présent nous les
représentons par livres, sous et deniers. Par exemple, au lieu de
$45\,^{₶}\ 17\,S\ 9\,d$, ou $45\,^{₶}\ 17\,S\ 3^{\text{liards}}$, on mettra $45^{₶},8875$.

Cette explication donnée, voici l'ensemble du changement que
je propose. Il consiste dans la suppression du terme de denier dans

les comptes (1); dans la possibilité et la facilité de la conversion des sommes de livres, sous et liards, en livres et décimales de livres; et dans la faculté de faire sur ces nombres de livres et décimales toutes les opérations qu'exigent par nos besoins, avec l'obligation toutefois de ne négliger jamais qu'une fraction plus petite qu'un dix millieme de livre. Cette approximation, dans la série des calculs, sera plus grande que celle dont on se contente aujourd'hui. Et quant aux derniers résultats d'un compte final : s'ils proviennent seulement d'additions ou de soustractions successives, ils seront toujours exprimés par des décimales exactement payables en livres, sous et liards; si, au contraire, ces résultats sont produits par des multiplications ou des divisions, ils pourront contenir une petite partie impossible à acquitter, mais cette perte ne méritera pas même attention, car, quoique plus apparente, elle ne pourra pas être plus forte que celles qu'occasionnent actuellement notre manière de compter.

Je ne m'arrêterai pas plus long-temps sur les détails relatifs aux diverses combinaisons qui naîtroient de ce nouvel ordre de choses, ne m'étant pas proposé de faire ici un traité complet d'arithmétique. Il me suffit d'avoir donné l'idée principale du changement dont il s'agit, persuadé que, lorsqu'elle sera soumise à la discussion, les petits embarras que je viens d'exposer ne seront considérés que comme de nouveaux motifs déterminans de les faire cesser entièrement, par une fabrication de monnoies appropriée au nouvel ordre : c'est-à-dire, de *décimes* et de *centimes* réels.

## §. III. *Moyens d'exécution pour l'établissement des nouvelles mesures et le remplacement des anciennes.*

On a vu, dans le paragraphe précédent, comment il convient de déterminer les nouvelles mesures et poids, nécessaires à nos besoins; je vais indiquer à présent les moyens qui me paroissent propres à introduire ces mesures dans la société, de façon que l'établissement en soit plus prompt, plus facile et moins dispendieux.

----

(1) Cette suppression ôteroit la confusion qui peut arriver quelquefois entre le denier ( *monnoie* ) et le denier ( *poids* ).

Pour parvenir à ce but, il est à propos de considérer les objets suivans.

1º. La manière dont les nouvelles mesures doivent être faites.

2º. L'instruction à répandre dans le public, pour lui apprendre à les connoître et à s'en servir.

3º. Ce que les loix doivent prononcer pour effectuer le remplacement des anciennes mesures, et pour accélérer l'usage général des nouvelles.

Développons ces trois objets successivement.

I. Il est certainement bien important de s'assurer que nos mesures soient conformes à leurs modeles, qu'il s'en répande à la fois une quantité considérable à l'époque de leur admission, et qu'on puisse se les procurer à un prix modéré. On ne peut jouir de ces avantages, qu'en réglant convenablement la fabrication de nos mesures ; et je proposerai en conséquence les moyens suivans, qui embrassent ce qui est essentiel à toutes les parties de cette fabrication.

Afin de ne rien oublier, je diviserai nos mesures en *proto-types, étalons* et *mesures usuelles.*

Les proto-types sont, 1º. *la longueur du pendule à secondes de l'observatoire de Paris,* laquelle longueur doit être prise très-exactement, et tracée sur une regle de platine pur, ainsi qu'on l'a déja vu. 2º. *Un pied national* en argent (1), précisément égal au tiers de cette longueur, et divisé en pouces, lignes et demi-lignes. 3º. *Une livre nationale* déterminée avec la plus grande précision, et exécutée en argent, pour être déposée, avec les deux proto-types précédens, à l'hôtel-de-ville de Paris. 4º. Une autre *livre nationale* pareillement en argent, accompagnée d'une once, d'un gros, d'un denier et d'un grain de même métal : le tout devant être conservé à l'hôtel des monnoies de la capitale.

Ces quatre instrumens ont une utilité si évidente, qu'il seroit superflu de la développer. Ils doivent être faits avec la plus grande exactitude, d'après les expériences fondamentales ci - devant indi-

---

(1) En alliant un peu de platine à de l'argent pur, le composé acquiert une grande dureté, et n'est pas sujet à s'altérer comme l'alliage de l'argent et du cuivre.

quées. L'exécution n'en peut être confiée qu'à un artiste très-habile ; et l'extrême soin que ce travail exige , indique assez que ce n'est pas sur cet objet qu'il convient de rechercher l'économie.

Les proto-types faits , nous avons besoin d'*étalons* , au moins pour chacune de nos villes chef-lieu de district. Ces étalons sont seulement des *pieds nationaux* et des *livres nationales* , parce que toutes les autres mesures de ces classes en dérivent immédiatement. Il n'y a guere que le cuivre qui soit propre à la fabrication de ces instrumens , attendu que leur grand nombre s'oppose au choix d'un métal plus précieux , et que le fer ou l'acier , sur lesquels aussi on trace très-nettement des graduations , s'alterent trop facilement par l'humidité , par l'air et d'autres causes (1).

Chaque *pied - étalon* seroit divisé en pouces , lignes et demi-lignes.

Chaque *livre-étalon* seroit accompagnée des autres poids ses subdivisions, savoir : 5 onces ... 3 on ... 1 on ... 5 gros ... 3 grs ... 1 grs ... 5 deniers ... 3 den ... 1 den ... 5 grains ... 3 gns ... 1 gn ... ; et 2 demi-grains , qui suffisent pour peser ( de demi-grain en demi-grain ) depuis un demi-grain jusqu'à une livre ou dix mille grains. On peut faire emboîter ces poids les uns dans les autres, ou leur donner une forme cylindrique avec bords arrondis. En adoptant la premiere maniere, la livre - étalon seroit l'assemblage des poids de subdivisions dans l'ordre indiqué ci-dessus , commençant par 5 onces et finissant par le double demi - grain. Si , au contraire , on aime mieux la livre cylindrique , on se contentera de placer ses parties dans un petit panier à deux cases , afin de séparer les plus petits poids des plus gros. Mais, quel que soit l'arrangement préféré , il est essentiel que chaque poids particulier soit coté d'un chiffre qui en indique la vraie valeur , pour éviter toute équivoque.

---

(1) *La préférence que je donne au cuivre est appuyée par un exemple d'expérience remarquable. A Portici , dans les fouilles des ruines d'Herculanum , on a déterré des boucliers , beaucoup de médailles , et d'autres instrumens en cuivre , très-bien conservés ; tandis que l'on n'en a trouvé aucun en fer ou en acier. Ces derniers auroient-ils été détruits par le laps de temps , ou les peuples de ces contrées auroient-ils senti la nécessité d'employer le cuivre pour les instrumens qu'ils vouloient conserver ? L'une et l'autre suppositions nous conduisent, comme l'on voit , à l'admission du cuivre et à la rejection du fer ou de l'acier.*

En général , les conditions qu'il importe de remplir pour la fabrication des étalons, sont, 1°. une parfaite conformité entre eux et avec les proto-types ; 2°. une certaine célérité dans l'opération, sans exclure l'économie. C'est pourquoi je propose d'en délivrer l'entreprise , *au rabais ,* à un artiste reconnu capable, qui , dans un intervalle , par exemple , de trois mois , seroit tenu de fournir des pieds et poids-étalons en nombre égal à celui de nos districts, avec l'obligation expresse de n'envoyer ses ouvrages à leur destination qu'après les avoir soumis à l'examen d'un officier préposé, lequel y apposeroit un poinçon. Cet entrepreneur conserveroit, en outre, la liberté d'en transmettre, de gré à gré, à des particuliers.

Il reste à établir les *mesures usuelles.* Celles-ci comprennent des pieds, des aunes , des mesures de capacité et des poids.

*Les pieds* dont il s'agit ici , seront suffisamment bons étant faits en bois, divisés en pouces et lignes seulement , enfin à peu près semblables à nos pieds de roi actuels. Ce sont , de toutes les mesures , celles qui se prêtent le plus à un transport facile, chacun pouvant en avoir habituellement avec soi. Et , comme les nouveaux pieds seroient propres non-seulement à mesurer les différens corps , mais aussi à vérifier et même suppléer les autres mesures nationales , qui toutes doivent en dériver suivant une loi simple , il seroit bien utile de répandre en peu de temps , dans le royaume, une quantité considérable de ces pieds usuels , afin de hâter l'adoption des nouvelles mesures et les rendre bientôt familieres. Pour parvenir à ce but avec plus de certitude , il faudroit encore donner un attrait aux acheteurs de ces instrumens , en les leur fournissant au moindre prix possible. D'après cela, je ne vois pas de moyen plus efficace , à tous égards , que celui de l'établissement d'une fabrique unique de ces pieds , montée assez en grand pour satisfaire promptement à toutes les demandes. Une fabrication de ce genre est susceptible de procédés expéditifs de construction, lesquels, joints à l'assurance d'un débit prodigieux , mettroient dans le cas d'en donner les ouvrages à beaucoup meilleur marché qu'un ouvrier particulier et isolé ne pourroit le faire. Ainsi, je voudrois encore que l'on adjugeât, au rabais , et pour deux ans seulement, l'entreprise des pieds nationaux en question , en fixant, chaque année , d'après l'apparence de nos besoins, le *minimum* de la quantité que l'adjudicataire seroit obligé d'en fournir. L'apposition du poinçon, dont j'ai déja parlé, garantiroit l'exactitude de ces pieds ; et les deux ans etant expirés, chacun pourroit en vendre comme il lui plairoit, à la seule condition cependant d'y faire appliquer le poinçon de la loi.

Quant aux autres espèces de mesures dont nous avons encore besoin, il paroît plus convenable de laisser la liberté entiere d'en fabriquer ou d'en vendre. Il suffiroit d'établir dans chaque chef-lieu de district un *étalonneur particulier*, par lequel chacun feroit étalonner et poinçonner les mesures dont il voudroit faire usage, conformément aux étalons déja déposés dans tous les districts. Cet arrangement réuniroit plusieurs avantages, soit parce qu'on ne seroit pas obligé de transporter trop au loin toutes les mesures, soit parce que le bénéfice de leur fabrication ne s'accumuleroit pas sur une seule tête, soit enfin parce qu'il faudroit peu de temps pour multiplier assez ces mesures dans tout le royaume. Voyons maintenant les formes qui conviennent à chacune d'elles.

On doit se rappeller que j'ai fixé, par supposition, *les aunes nationales* à 3$^{\text{pi}}$,5 nationaux de longueur. Elles peuvent être faites en bois, comme par le passé : mais alors il faut que leurs deux bouts soient garnis d'une bande de fer mince, ou de cuivre, et que le poinçon soit appliqué à chacun de ses bouts, moitié sur le bois, moitié sur le métal, afin que l'aune ne soit pas susceptible d'être raccourcie après l'étalonnage.

La division de l'aune sera tracée de la maniere suivante : d'abord, tous ses dixiemes seront marqués et chiffrés de maniere que le milieu de l'aune soit le plus distingué ; ensuite, les deux dixiemes extrêmes seront partagés en deux, et ces moitiés, à l'un des bouts de l'aune, auront cinq nouvelles parties (1).

Je rangerai les mesures de capacité en deux classes. L'une comprendra les mesures cylindriques en bois, et l'autre les mesures en métal.

*Je ne parle pas des mesures cubiques en bois, parce que, n'étant guere bonnes que pour des usages domestiques, à cause de leur*

_______________

(1) Ces dernieres parties seront des centiemes d'aune, dont chacune aura 3$^{\text{li}}$,5 de longueur.

fragilité lorsque leurs parois sont minces , ou de leur poids considérable si on les fait épaisses , je ne pense pas que la loi doive
s'en occuper. D'ailleurs , comme chacun peut très-facilement cons-
truire ou vérifier de pareilles mesures , à l'aide du pied national ,
il seroit inutile ici de détailler leurs dimensions. Les mesures cylindriques , au contraire , outre qu'elles sont d'un usage plus général , demandent ordinairement un étalonnage par l'eau ou une
graine menue : c'est pour cela qu'il importe de les soumettre à la
surveillance des officiers publics.

1°. Les mesures cylindriques en bois ont l'avantage d'être solides
et peu pesantes ; elles sont donc convenables pour les graines et
autres matieres non liquides , toutefois lorsque les quantités n'en
sont pas trop petites. Ainsi, les demi-mesures et les mesures simples , doubles, triples , etc. pour mesurer le sel , le bled et autres
choses analogues , doivent être cylindriques , en bois , cerclées de
fer , cotées en dehors d'un chiffre indicateur de leur capacité , et
poinçonnées sur le bord , afin qu'elles ne puissent pas être rognées.

On pourra , par exemple , donner à la *mesure* 1ᵖⁱ,2 de diamètre ,
et par conséquent 8ᵖᵒ,84 de hauteur ; à la *demi-mesure ,* 10ᵖᵒ de
diamètre et 6ᵖᵒ,36 de hauteur. Quant aux dimensions des mesures
doubles et triples , elles ne seront pas plus difficiles à déterminer ;
mais il est à propos qu'elles soient toutes fixées par des ordonnances particulieres , pour éviter l'inconvénient d'avoir des vaisseaux
qui quelquefois auroient une hauteur considérable , et d'autres
fois une très-petite , d'où il pourroit résulter des différences entre
les quantités de graines mesurées dans des mesures de même capacité , à raison du tassement plus ou moins fort de ces graines
par leur propre poids (1).

---

(1) Ce tassement plus ou moins fort peut provenir aussi d'une autre cause , qui
occasionne aujourd'hui beaucoup de plaintes. Dans les marchés publics et chez les
vendeurs , le bled et quelques autres graines sont mesurés dans des vaisseaux qui
sont radés ou rasés avec une radoire qu'un *mesureur-juré* passe au dessus des bords
de ces vaisseaux , pour renverser tout ce qui en excede la hauteur. Or , cette radoire étant une regle plate , le mesureur peut l'incliner à son gré , dans un sens
ou dans un autre , ce qui donne une différence assez considérable dans la quantité de graine qui reste dans le vaisseau ; et ce petit tour d'adresse , pour lequel le
mesureur reçoit souvent une récompense , est quelquefois apperçu par celui qui en
supporte le dommage , sans qu'il lui soit possible d'obtenir justice en pareil

Les mêmes précautions sont nécessaires à prendre à l'égard du muid de charbon de bois et de la benne de charbon de terre, qui se mesurent comble ; car on sent bien que ce comble augmente ou diminue en même temps que sa base. J'ai supposé qu'un tas de charbon, abandonné à lui-même, prenoit de toute part une inclinaison de 45 dégrés, et qu'ainsi le comble des mesures de charbon étoit un cône rectangulaire (1). On peut, après cela, donner au *muid comble* deux pieds de diamètre, et 2Pi,85 de hauteur, afin qu'étant rempli et comblé, il contienne 10 mesures (10 pieds cubes). Par les mêmes raisons, la *benne*, qui doit contenir deux mesures, aura 1Pi,2 de diamètre, et 1Pi,568 de haut. Il est essentiel que ces mesures soient étalonnées, cotées et poinçonnées comme les précédentes.

2°. Pour mesurer des graines en petite quantité, ou des liquides, il est convenable d'employer des mesures de métal ; mais il n'y a guere que l'étain et le fer blanc qui y soient propres. Le sel, le vin, l'huile, le lait, etc. deviennent dangereux lorsqu'ils ont été mis dans des vaisseaux de cuivre : ce seroit donc une

---

cas. Voilà l'abus énorme dont nous avons journellement la preuve. Depuis peu on a voulu le faire cesser à Dijon et dans quelques villes de la Bourgogne. Pour cela, on a substitué à la radoire plate, un rouleau cylindrique de bois ; mais ce nouveau moyen ne met pas à l'abri de tout inconvénient, car l'effet qu'il produit est différent lorsqu'on le fait simplement glisser, ou lorsqu'on le fait tourner sur lui-même, et, d'ailleurs, ce rouleau a une pésanteur incommode. Il me semble qu'il conviendroit mieux d'adopter une radoire faite de deux regles plates, jointes bord à bord, disposées dans deux plans réciproquement perpendiculaires, et retenues dans cette situation par de petits clous et de petites équerres à leurs extrémités. On conçoit l'emploi de cette radoire angulaire : une de ses faces raseroit horizontalement les bords des vaisseaux de capacité ; le grain excédant s'éleveroit le long de la face verticale, et finiroit par être entiérement renversé. On pourroit aussi se servir d'une radoire formée de trois regles minces et égales, liées solidement ensemble de maniere à laisser entre elles un espace prismatique triangulaire. Enfin, quelques personnes pensent que le plus avantageux de tous les moyens seroit de mesurer le bled par son poids, parce que, disent-elles, le grain de la meilleure qualité, étant le plus lourd, obtiendroit un prix plus fort, comme cela est juste. Je ne m'arrêterai pas aux autres raisons, pour ou contre, que l'on pourroit alléguer à ce sujet ; nous avons tout à espérer des lumieres de nos sages législateurs, et c'est à eux qu'il appartient de prononcer.

(1) C'est-à-dire, un cône dont les côtés situés dans un plan passant par son axe, forment un angle droit.

précaution très-sage , que de les proscrire entiérement. De plus , les formes cylindriques ou coniques tronquées , sont les seules bonnes pour les mesures dont nous parlons ; car les vases cubiques seroient peu solides et sujets à altération , et les formes irrégulieres , quelles qu'elles soient , doivent être défendues , parce qu'elles permettent de diminuer la continence des vaisseaux après leur étalonnage. Ainsi , il faudroit que les gens qui vendent au public , puissent , suivant le besoin , se servir de chiliades , écatades , décades , mesures simples , doubles , quadruples , etc. et des moitiés de chacune d'elles , pourvu que ces mesures soient faites d'étain ou de fer blanc , qu'elles aient une forme cylindrique ou conique tronquée , et qu'elles soient étalonnées , poinçonnées et cotées à leur valeur.

Enfin , ce qui concerne la fabrication des nouveaux poids , se réduit à ceci : n'admettre que le cuivre pour ceux d'une livre et au dessous , parce qu'il importe que la rouille et d'autres causes d'altération aient peu de prise sur les petits poids ; permettre le fer pour ceux au dessus d'une livre ; donner à tous une forme cubique, conique ou pyramidale tronquées , avec bords arrondis , à l'exception des petits poids de cuivre destinés à s'emboîter les uns dans les autres ; en outre , laisser toute liberté sur le nombre de livres ou fractions dont on désireroit composer les poids , mais contraindre à les faire poinçonner et coter à leur vraie valeur.

Telles sont à peu près les regles auxquelles il me paroît convenable d'assujettir la fabrication des mesures neuves, pour , en évitant les anciens abus , leur donner toute l'exactitude et les autres avantages qu'on peut y désirer.

Je n'ai pas compris dans l'énumération précédente les perches, les demi-perches et les chaînes pour les arpenteurs , parce que ces mesures sont facilement vérifiables par le pied national, et que ceux qui en font usage sont garans de leur conformité avec les étalons prescrits par la loi. Je n'ai rien dit non plus des grands vaisseaux de bois ou futailles, pour enfermer les vins , les eaux-de-vie ou autres liqueurs , parce que de pareils vaisseaux sont peu susceptibles d'exactitude dans leur construction , et même qu'ils changent de capacité lorsqu'on en renouvelle ou augmente les cercles extérieurs qui les maintiennent. Cependant, si un jour on jugeoit à propos d'obliger les tonneliers à donner aux futailles, qu'ils feroient à neuf, une capacité multiple exacte de la mesure ou pied cube, on pourroit, par exemple, fixer les dimensions du *demi-muid* ( équivalant à 5 pieds cubes ), ainsi qu'il suit. Savoir, 19$^{po}$,6 pour la longueur, à peu près 16$^{po}$,75 pour les diamètres extrêmes, celui du milieu étant de 19$^{po}$,25 : ces dimensions sont intérieures et analogues à celles de nos tonneaux d'aujourd'hui. Cette innovation ne changeroit rien aux procédés de leur construction ; mais il seroit toujours difficile de les assujettir à un étalonnage exact, ni à une cote rigoureuse pour laquelle on pût être pris en fraude, dans le cas où elle ne seroit pas véritable. On a déja dit que la méthode actuelle de jauger étoit infidelle. Il vaudroit mieux prendre la cubature géométriquement : cette opération ne seroit pas longue avec les nouvelles mesures ; le résultat en seroit tout de suite exprimé en *mesures, décades, écatades, etc.* et dans la plupart des occasions une évaluation grossiere suffiroit. Je reviendrai encore sur cet objet dans la section III de ce paragraphe.

II. Ce n'est pas assez d'avoir déterminé et fabriqué les nouvelles mesures, la partie du public la moins éclairée, et qui est la plus nombreuse, répugneroit pendant long-temps à en adopter l'usage, si on ne lui donnoit encore une méthode facile d'instruction sur ce changement. Cette instruction consiste en deux choses : l'une est la connoissance des nouvelles mesures, et de là maniere de compter qui leur convient ; l'autre est leur comparaison avec les anciennes mesures, soit pour en apprécier les quantités relatives, soit pour en déduire les prix respectifs des différentes matieres mises dans le commerce.

On a vu combien le système des mesures nationales étoit peu compliqué. Une vingtaine de dénominations, presque toutes déja usitées, des subdivisions ou sous-espèces toujours dans l'ordre décuple, sont des choses bien aisées à loger dans sa mémoire. Les opérations de toutes sortes, que l'on peut faire sur les nombres de ces mesures, acquierent une grande simplicité : il n'est plus besoin des regles complexes de l'arithmétique, puisque le calcul des décimales est le même que celui des nombres ordinaires, à une petite attention près, qui est celle du placement de la virgule. Un petit catéchisme de quelques pages d'instruction, suffit pour donner des idées nettes de tout cela ; et on ne sauroit douter que les difficultés de la science des nombres étant applanies , bien des gens qui en redoutoient et en négligeoient l'étude , ne s'y adonnent avec courage lorsqu'ils seront sûrs , en très-peu de temps , de savoir faire ou vérifier tous les calculs qui les intéressent.

Cette marche sera extrêmement commode , et subsistera seule par la suite ; mais , dans les *premiers momens, on* sera forcé de faire des comparaisons avec les vieilles mesures , parce que nos jugemens ou estimations d'habitude se font sur des unités qui nous sont familieres. Par exemple , un commerçant aura dans son grenier *72 setiers de bled*, et il voudra savoir *ce qu'ils produiront de mesures nationales.*

En outre , il se demandera à lui-même *, combien vendrai-je chaque mesure ,* le setier valant , par supposition , 28 ℔ 16 ſ ?

Un autre dira , j'ai acheté 5oo livres nationales d'huile , à 22 ſ la livre ; ne l'ai-je pas payée trop cher , et en quel rapport cette quantité se trouve-t-elle avec mon débit courant ? Jugeons-en par comparaison.

*Combien 5oo livres nationales font-elles de livres , poids de marc?*

*La livre nationale d'huile coûtant 22 ſ , qu'auroit coûté proportionnellement la livre ancienne?*

Voilà quatre problêmes différens , dont les analogues se renouvelleront souvent ; et, pour éviter à l'homme peu calculateur des combinaisons dont il auroit peut-être peine à se tirer , je proposerai le tableau suivant qui donnera chaque solution désirée au moyen d'une seule multiplication simple.

Ce tableau , tel qu'il est ici joint , contient quatre colonnes principales. Dans la premiere sont toutes les dénominations des mesures d'étendue et de poids en usage dans la ville de Paris. Dans la seconde sont placées celles des mesures nationales qui leur sont comparées. La troisieme doit contenir les rapports correspondans des mesures anciennes aux nouvelles ; c'est-à-dire , le quotient de chaque mesure ancienne divisée par chaque mesure nouvelle (1). Et la quatrieme , les rapports inverses des précédens.

---

(1) Lorsqu'on dit qu'une mesure est divisée par une autre , cela signifie qu'ayant choisi une unité sous-multiple exacte des deux mesures en question , le nombre de ces unités contenues dans la premiere , est divisé par le nombre de ces mêmes unités comprises dans la seconde ; le quotient est un nombre abstrait , qui exprime le rapport des mesures dont il s'agit.

Je n'ai pas pris la peine de calculer tous ces rapports ; c'eût été une chose superflue , puisqu'il ne s'agit ici que de faire comprendre l'utilité d'un pareil tableau. Si cependant on désiroit le compléter , on le pourroit facilement , au moyen des nombres écrits à la gauche des mesures dans les premieres et secondes colonnes , nombres qui indiquent les rapports de ces mesures avec leurs propres sous-divisions, et qui fournissent les données nécessaires pour remplir les troisiemes et quatriemes colonnes (1). Mais ce travail ne seroit qu'une chose de pure curiosité , d'autant plus que les bases n'en ont été prises , faute de mieux , que dans des livres qui se contredisent continuellement, comme je l'ai fait voir par quelques citations , tandis que, pour la parfaite confection de cette opération , il faudroit se les procurer par le mesurage effectif des mesures mêmes.

Cette explication donnée , la solution des quatre problêmes annoncés devient trop simple , pour que je m'y arrête davantage ; elle est d'ailleurs littéralement exprimée dans l'avertissement du tableau , que l'on peut consulter.

J'ai présenté le tableau relatif à la ville de Paris, parce qu'il m'a paru intéressant de donner , dans un seul coup d'œil , une idée de la diversité des mesures qui y sont en usage. On y verra que, dans cette seule ville, il y a plus de soixante mesures différentes, dont plusieurs cependant portent les mêmes noms, car le nombre de ces derniers n'est que de quarante-cinq. Les mesures nationales n'ont au contraire que vingt noms , et chacun d'eux n'est jamais attribué qu'à des quantités semblables. Les chiffres écrits à la

---

(1) Voici, par exemple , comment on procédera à la détermination du rapport du boisseau de bled à la décade , qui n'est pas encore écrit sur le tableau. Son inspection nous apprend ,

1°. Que le muid de bled est au boisseau ∷ 2304 : 16 ; ou , ce qui est la même chose , que le muid de bled contient 144 boisseaux ;

2°. Que le muid national est à la décade ∷ 10 : 0,1 ; ou , autrement , que le muid national équivaut à 100 décades ;

3°. Que le rapport du muid de bled au muid national , est 5,06476 :

Par conséquent le rapport du boisseau à la décade est $5,06476 \times \frac{100}{144}$ .

On trouvera de même tous les autres rapports à inscrire dans la troisieme colonne ; et quant à ceux de la quatrieme , ils seront les quotiens de l'unité , divisée par les rapports corrélatifs de la colonne précédemment calculée.

| MESURES ANCIENNES. | MESURES NATIONALES. | RAPPORTS RÉCIPROQUES CORRESPONDANS. MULTIPLICATEURS | |
| --- | --- | --- | --- |
| | | Des nombres de mesures anciennes, et des prix de chaque mesure nationale. **A** | Des nombres de mesures nationales, et des prix de chaque mesure ancienne. **B** |
| 12000 . La lieue de Paris. | 10000 . . Le millaire | 1,17666 | 0,84986 |
| 18 . La perche pour les terres. | . 10 . . La perche. | | |
| 22 . La perche pour les eaux et forêts. | Idem. | | |
| 6 . La toise. | Idem. | 0,58830 | 1,69981 |
| $\frac{1371,1}{144}$ . L'aune pour les soieries. | . 3,5 . L'aune. | | |
| $\frac{3364}{144}$ . L'aune pour les lainages. | Idem. | | |
| $\frac{124}{144}$ . L'aune pour les toiles. | Idem. | | |
| 1 . Le pied de roi. | . 1 . . Le pied. | 0,98055 | 1,01984 |
| $\frac{1}{12}$ . Le pouce. | . 0,1 . Le pouce. | 0,81713 | 1,22380 |
| $\frac{1}{144}$ . La ligne. | . 0,01 . La ligne. | 0,68093 | 1,46858 |
| ...s quarrées . L'arpent de TERRE. | 100 perch. quar. . L'arpent. | 3,11487 | 0,32104 |
| ...oises qu. . L'arpent des EAUX et FORÊTS. | Idem. | 4,95293 | 0,20190 |
| ...ds cubes . La corde de BOIS de chauffage. | 100 pieds cubes . Le moule | 1,15019 | 0,86942 |
| ...ds cubes . La corde de COTERETS. | Idem. | 0,60338 | 1,65733 |
| 2304 . Le muid (mesure de BLED). | 10 . . Le muid. | 5,06476 | 0,19744 |
| 192 . Le setier. | . 1 . . La mesure (ou protade). | | |
| 96 . La mine. | Idem. | | |
| 48 . Le minot. | Idem. | | |
| 16 . Le boisseau. | . 0,1 . La décade. | | |
| 1 . Le litron. | . 0,01 . L'écatade. | | |
| 4608 . Le muid d'AVOINE. | 10 . . Le muid. | 10,12952 | 0,09872 |
| 384 . Le setier. | . 1 . . La mesure. | | |
| 192 . La mine. | Idem. | | |
| 96 . Le minot. | Idem. | | |
| 16 . Le boisseau. | . 0,1 . La décade. | | |
| 4 . Le picotin. | Idem. | | |
| 1 . Le litron. | . 0,01 . L'écatade. | | |
| 4152 . Le muid de SEL. | 10 . . Le muid. | 6,75303 | 0,14808 |
| 4096 . Le setier. | . 1 . . La mesure. | | |
| 1024 . Le minot. | Idem. | | |

| | MESURES ANCIENNES. | MESURE[S] |
| --- | --- | --- |
| Rapports à la roquille. | 9216 . Le muid de VIN. | 10 . . |
| | 256 . Le setier | 1 . . |
| | 64 . Le quart | 0,1 . |
| | 32 . La pinte. | |
| | 16 . La chopine | |
| | 8 . Le demi-setier. | 0,01 |
| | 4 . Le poisson. | |
| | 1 . La roquille | 0,001 |
| Rapp. au setier. | 127 . Le poinçon d'EAU-DE-VIE. | 10 . . |
| | 1 . Le setier | 1 . . |
| Rapports au grain. | 921600 . Le quintal. | 100 . . |
| | 9216 . La livre (poids de marc.) | 1 . . |
| | 4608 . Le marc. | |
| | 576 . L'once | 0,1 |
| | 72 . Le gros. | 0,01 |
| | 24 . Le denier. | 0,001 |
| | 1 . Le grain. | 0,000[1] |
| | 4608 . Le marc d'OR ou d'ARGENT. | 1 . . |
| | 576 . L'once | 0,1 . |
| | 72 . Le gros ou drachme. | 0,01 |
| | $28\frac{2}{7}$ L'estelin ou esterlin. | |
| | 24 . Le denier. | 0,001 |
| | $14\frac{1}{7}$ La maille. | |
| | $7\frac{1}{7}$ Le felin. | |
| | 1 . Le grain. | 0,000[1] |
| | 576 . L'once de PERLE ou DIAMANT. | 0,1 . |
| | 4 . Le carat. | 0,000[1] |
| | 6912 . La livre (poids de médecine.) | 1 . . |
| | 3456 . Le marc. | . . . . |

The right-hand column group is headed **Rapports à la mesure.** and **Rapports à la livre.**

es anciennes, d'étendue et de pesanteur, en usage dans la ville de Paris, avec les mesures nationales qui doivent les remplacer.

### Colonne de gauche (MESURES NATIONALES — suite)

| …TIONALES. | RAPPORTS RÉCIPROQUES CORRESPONDANS. MULTIPLICATEURS | |
|---|---|---|
| | Des nombres de mesures anciennes, et des prix de chaque mesure nationale. A | Des nombres de mesures nationales, et des prix de chaque mesure ancienne. B |
| aire . . . . . . . | 1,17666 | 0,84986 |
| che. | | |
| . . . . . . . | 0,58830 | 1,69981 |
| . | | |
| …d. . . . | 0,98055 | 1,01984 |
| …ce . . . . | 0,81713 | 1,22380 |
| …re. . . . | 0,68093 | 1,46858 |
| …t. . . . | 3,11487 | 0,32104 |
| . . . . . | 4,95293 | 0,20190 |
| …ule . . | 1,15019 | 0,86942 |
| …r . . . . | 0,60338 | 1,65733 |
| …id. . . . | 5,06476 | 0,19744 |
| …sure ( ou protale ). | | |
| …cade. | | |
| …do. | | |
| …uid. . . . . | 10,12952 | 0,09872 |
| …sure. | | |
| …cade. | | |
| …nde. | | |
| …uid. . . . . | 6,75303 | 0,14808 |
| …sure. | | |
| …cade. . . | | |

### Colonnes de droite

| | MESURES ANCIENNES. | MESURES NATIONALES. | A | B |
|---|---|---|---|---|
| Rapports à la roquille. / Rapports à la mesure. | 9216 . Le muid de VIN. | 10 . . . . Le muid | 0,74288 | 1,34611 |
| | 256 . Le setier | 1 . . . . La mesure. | | |
| | 64 . Le quart | 0,1 . . La décade. | | |
| | 32 . La pinte. | . . . . . Idem. | | |
| | 16 . La chopine | . . . . . Idem. | | |
| | 8 . Le demi-setier. | 0,01 . . L'écatade. | | |
| | 4 . Le poisson. | . . . . . Idem. | | |
| | 1 . La roquille | 0,001 . La chiliade. | | |
| Rapp. au setier. | 127 . Le poinçon d'EAU-DE-VIE. | 10 . . . . Le muid | 0,55716 | 1,79482 |
| | 1 . Le setier | 1 . . . . La mesure. | | |
| Rapports au grain. / Rapports à la livre. | 921600 . Le quintal. | 100 . . . . Le quintal | 1,34683 | 0,74249 |
| | 9216 . La livre ( poids de marc. ) | 1 . . . . La livre | 1,34683 | 0,74249 |
| | 4608 . Le marc. | . . . . . Idem. | | |
| | 576 . L'once | 0,1 . . L'once. | | |
| | 72 . Le gros. | 0,01 . . Le gros. | | |
| | 24 . Le denier. | 0,001 . . Le denier. | | |
| | 1 . Le grain. | 0,0001 . Le grain. | | |
| | 4608 . Le marc d'OR ou d'ARGENT. | 1 . . . . La livre. | | |
| | 576 . L'once | 0,1 . . . L'once. | | |
| | 72 . Le gros ou drachme. | 0,01 . . Le gros. | | |
| | 28 ⅘ L'estelin ou esterlin. | . . . . . Idem. | | |
| | 24 . Le denier | 0,001 . . Le denier. | | |
| | 14 ⅖ La maille. | . . . . . Idem. | | |
| | 7 ⅕ Le felin. | . . . . . Idem. | | |
| | 1 . Le grain. | 0,0001 . Le grain. | | |
| | 576 . L'once de PERLE ou DIAMANT. | 0,1 . . . L'once. | | |
| | 4 . Le carat | 0,0001 . Le grain. | | |
| | 6912 . La livre ( poids de médecine. ) | 1 . . . . La livre. | 1,01156 | 0,98857 |
| | 3456 . Le marc. | . . . . . Idem. | | |
| | 576 . L'once | 0,1 . . . L'once. | | |

Colonne de droite, en-tête : RAPPORTS RÉCIPROQUES CORRESPONDANS. — MULTIPLICATEURS — A : Des nombres de mesures anciennes, et des prix de chaque mesure nationale. — B : Des nombres de mesures nationales, et des prix de mesure ancienne.

| | Ancienne mesure | | Mesure nationale correspondante | B | Réciproque |
|---|---|---|---|---|---|
| ...rs quarriés | L'arpent de TERRE | 100 perch. quar. | L'arpent | 3,11487 | 0,32104 |
| ...toises qu. | L'arpent des EAUX et FORÊTS | | Idem. | 4,95293 | 0,20190 |
| ...pieds cubes | La corde de BOIS de chauffage | 100 pieds cubes | Le moule | 1,15019 | 0,86942 |
| ...pieds cubes | La corde de COTERETS | | Idem. | 0,60338 | 1,65733 |
| 2304 | Le muid (mesure de BLED) | 10 | Le muid | 5,06470 | 0,19744 |
| 192 | Le setier | 1 | La mesure (ou provade). | | |
| 96 | La mine | | Idem. | | |
| 48 | Le minot | | Idem. | | |
| 16 | Le boisseau | 0,1 | La décade. | | |
| 1 | Le litron | 0,01 | L'écatade. | | |
| 4608 | Le muid d'AVOINE | 10 | Le muid | 10,12952 | 0,09872 |
| 384 | Le setier | 1 | La mesure. | | |
| 192 | La mine | | Idem. | | |
| 96 | Le minot | | Idem. | | |
| 16 | Le boisseau | 0,1 | La décade. | | |
| 4 | Le picotin | | Idem. | | |
| 1 | Le litron | 0,01 | L'écatade. | | |
| 4952 | Le muid de SEL | 10 | Le muid | 6,75303 | 0,14808 |
| 4096 | Le setier | 1 | La mesure. | | |
| 1024 | Le minot | | Idem. | | |
| 256 | Le boisseau | 0,1 | La décade. | | |
| 16 | Le litron | 0,01 | L'écatade. | | |
| 1 | La mesurette | 0,001 | La chiliade. | | |
| 2 | Le muid de PIERRE | 10 | Le muid | 0,65994 | 1,51529 |
| 1 | Le tonneau | 1 | La mesure. | | |
| 72 | Le muid de PLÂTRE | 10 | Le muid | 2,53238 | 0,39489 |
| 2 | Le sac | 1 | La mesure. | | |
| 1 | Le boisseau | 0,1 | La décade. | | |
| 2304 | Le muid de CHAUX | 10 | Le muid | 5,06470 | 0,19744 |
| 48 | Le minot | 1 | La mesure. | | |
| 16 | Le boisseau | 0,1 | La décade. | | |
| 1 | Le litron | 0,01 | L'écatade. | | |
| 320 | Le muid de CHARBON DE BOIS | 10 | Le muid | 11,23502 | 0,08885 |
| 16 | La mine, sac ou charge | | Idem. | | |
| 8 | Le minot | | Idem. | | |
| 1 | Le boisseau | 1 | La mesure. | | |
| 360 | La voie de CHARBON DE TERRE | 10 | Le muid | 3,16548 | 0,31591 |
| 24 | Le minot | | Idem. | | |
| 4 | Le boisseau | 1 | { La mesure. / La benne. } | | |
| 1 | La quarte | 0,1 | La décade. | | |

Nota. On ne fait pas ici mention de la division du muid de vin en deux *fueillettes*, puis en *tierçons*, *quartauts*, etc. parce que c... mesures ne doivent pas être supprimées dans la réforme projetée; mais leur contenance réelle sera évaluée en mesures nationales, à raison de leur cubature.

| | Ancienne mesure | | Mesure nationale correspondante |
|---|---|---|---|
| 1 | Le setier | 1 | La mesure. |
| 921600 | Le quintal | 100 | Le quintal |
| 9216 | La livre (poids de marc.) | 1 | La livre |
| 4608 | Le marc | | Idem. |
| 576 | L'once | 0,1 | L'once. |
| 72 | Le gros | 0,01 | Le gros. |
| 24 | Le denier | 0,001 | Le denier. |
| 1 | Le grain | 0,0001 | Le grain. |
| 4608 | Le marc d'OR ou d'ARGENT | 1 | La livre. |
| 576 | L'once | 0,1 | L'once. |
| 72 | Le gros ou drachme | 0,01 | Le gros. |
| 28 ⅘ | L'estelin ou esterlin | | Idem. |
| 24 | Le denier | 0,001 | Le denier. |
| 14 ⅖ | La maille | | Idem. |
| 7 ⅕ | Le félin | | Idem. |
| 1 | Le grain | 0,0001 | Le grain. |
| 576 | L'once de PERLE ou DIAMANT | 0,1 | L'once. |
| 4 | Le carat | 0,0001 | Le grain. |
| 6912 | La livre (poids du médecine.) | 1 | La livre. |
| 3456 | Le marc | | Idem. |
| 576 | L'once | 0,1 | L'once. |
| 192 | La duelle | | Idem. |
| 144 | La silique | | Idem. |
| 96 | La sextule | | Idem. |
| 72 | La drachme | 0,01 | Le gros. |
| 24 | Le scrupule | 0,001 | Le denier. |
| 1 | Le grain | 0,0001 | Le grain. |

## AVERTISSEMENT

Les colonnes intitulées, *Rapports réciproques correspondans*, donnent la facilité de résoudre, par une... dont l'établissement des nouvelles mesures rendra l'occasion fréquente.

1°. Combien *tant* de mesures anciennes font-elles de mesures nationales correspondantes?
*Réponse.* Multipliez le nombre des mesures anciennes par le nombre qui lui correspond dans la colon... sures nationales cherché.

2°. Telle mesure de telle marchandise, coûte *tant* (en argent); quel est, pour la même marchandise... respondante?
*Réponse.* Multipliez le prix de l'ancienne mesure par le nombre de la colonne B qui correspond à ce...

Les deux autres problèmes annoncés sont inverses des précédens, pour la proposition et la solution; c'... en mesures anciennes, il faut multiplier les premières par le nombre de la colonne B, qui correspond... mesure ancienne, proportionnellement à celui déjà connu d'une mesure nationale, il faut multiplier le... respondant à celle-là.

Il faut encore remarquer, par rapport à ces sortes de problèmes, que lorsque les mesures anciennes ne... nationales que l'on désire, il est aisé de transposer ces dernières. Cette transposition des mesures nationale... changement, dans les rapports réciproques correspondans, que celui du déplacement de la virgule décimale... tion.

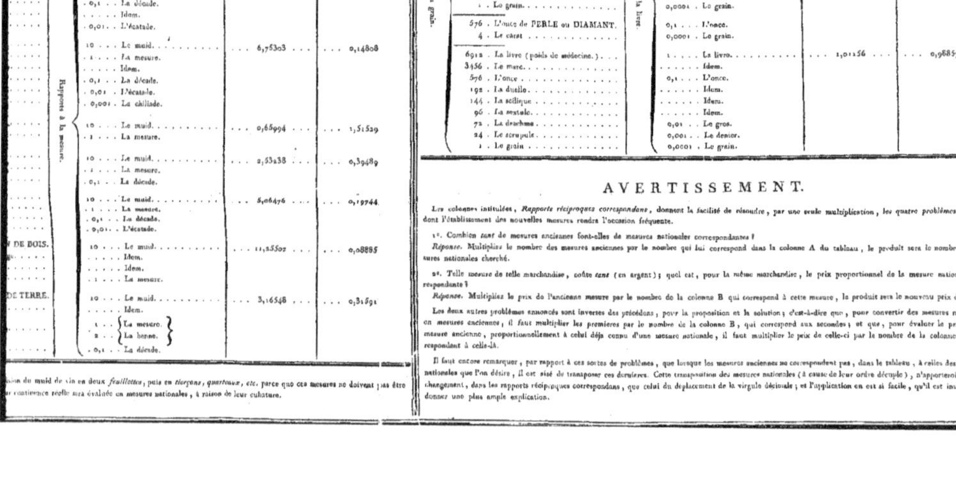

**Tableau de gauche** (Rapports à la mesure)

| | Mesure | A | B |
|---|---|---|---|
| ORÊTS. — 100 perch. quar. | L'arpent | 3,11487 | 0,32104 |
| | Idem. | 4,93293 | 0,20190 |
| ullage. — 100 pieds cubes | Le moule | 1,15019 | 0,86942 |
| S. | Idem. | 0,60338 | 1,65733 |
| ED). — 10 | Le muid | 5,06476 | 0,19744 |
| 1 | La mesure ( ou protade ). | | |
| | Idem. | | |
| | Idem. | | |
| 0,1 | La décade. | | |
| 0,01 | L'écatade. | | |
| 10 | Le muid | 10,12952 | 0,09872 |
| 1 | La mesure. | | |
| | Idem. | | |
| | Idem. | | |
| 0,1 | La décade. | | |
| | Idem. | | |
| 0,01 | L'écatade. | | |
| 10 | Le muid. | 6,75303 | 0,14808 |
| 1 | La mesure. | | |
| | Idem. | | |
| 0,1 | La décade. | | |
| 0,01 | L'écatade. | | |
| 0,001 | La chiliade. | | |
| 10 | Le muid. | 0,65994 | 1,51529 |
| 1 | La mesure. | | |
| 10 | Le muid. | 2,53238 | 0,39489 |
| 1 | La mesure. | | |
| 0,1 | La décade. | | |
| 10 | Le muid. | 5,06476 | 0,19744 |
| 1 | La mesure. | | |
| 0,1 | La décade. | | |
| 0,01 | L'écatade. | | |
| DE BOIS. — 10 | Le muid. | 11,25502 | 0,08885 |
| | Idem. | | |
| | Idem. | | |
| 1 | La mesure. | | |
| DE TERRE. — 10 | Le muid. | 3,16548 | 0,31591 |
| | Idem. | | |
| 1 | { La mesure. | | |
| 2 | { La benne. | | |
| 0,1 | La décade. | | |

sion du muid de vin en deux *feuillettes*, puis en *tierçons*, *quarteaux*, etc. parce que ces mesures ne doivent pas être [le]ur contenance réelle sera évaluée en mesures nationales, à raison de leur cubature.

**Tableau de droite**

| Rapport au grain | Mesure | Rapport à la livre | Mesure | A | B |
|---|---|---|---|---|---|
| 921600 | Le quintal. | 100 | Le quintal | 1,34683 | 0,74249 |
| 9216 | La livre ( poids de marc. ). | 1 | La livre | 1,34683 | 0,74249 |
| 4608 | Le marc. | | Idem. | | |
| 576 | L'once. | 0,1 | L'once. | | |
| 72 | Le gros. | 0,01 | Le gros. | | |
| 24 | Le denier. | 0,001 | Le denier. | | |
| 1 | Le grain. | 0,0001 | Le grain. | | |
| 4608 | Le marc d'OR ou d'ARGENT. | 1 | La livre. | | |
| 576 | L'once. | 0,1 | L'once. | | |
| 72 | Le gros ou drachme. | 0,01 | Le gros. | | |
| 28 ½ | L'estelin ou esterlin. | | Idem. | | |
| 24 | Le denier. | 0,001 | Le denier. | | |
| 14 ½ | La maille. | | Idem. | | |
| 7 ¼ | Le félin. | | Idem. | | |
| 1 | Le grain. | 0,0001 | Le grain. | | |
| 576 | L'once de PERLE ou DIAMANT. | 0,1 | L'once. | | |
| 4 | Le carat. | 0,0001 | Le grain. | | |
| 6912 | La livre ( poids de médecine. ). | 1 | La livre | 1,01156 | 0,98857 |
| 3456 | Le marc. | | Idem. | | |
| 576 | L'once. | 0,1 | L'once. | | |
| 192 | La duelle. | | Idem. | | |
| 144 | La scilique. | | Idem. | | |
| 96 | La sextule. | | Idem. | | |
| 72 | La drachme. | 0,01 | Le gros. | | |
| 24 | Le scrupule. | 0,001 | Le denier. | | |
| 1 | Le grain. | 0,0001 | Le grain. | | |

## AVERTISSEMENT.

Les colonnes intitulées, *Rapports réciproques correspondans*, donnent la facilité de résoudre, par une seule multiplication, les quatre problèmes s[uivans], dont l'établissement des nouvelles mesures rendra l'occasion fréquente.

1°. Combien *tant* de mesures anciennes font-elles de mesures nationales correspondantes?

*Réponse.* Multipliez le nombre des mesures anciennes par le nombre qui lui correspond dans la colonne A du tableau, le produit sera le nombre [de mes]ures nationales cherché.

2°. Telle mesure de telle marchandise, coûte *tant* ( en argent ); quel est, pour la même marchandise, le prix proportionnel de la mesure national[e cor]respondante?

*Réponse.* Multipliez le prix de l'ancienne mesure par le nombre de la colonne B qui correspond à cette mesure, le produit sera le nouveau prix des[iré].

Les deux autres problèmes annoncés sont inverses des précédans, pour la proposition et la solution; c'est-à-dire que, pour convertir des mesures nati[onales] en mesures anciennes, il faut multiplier les premières par le nombre de la colonne B, qui correspond aux secondes; et que, pour évaluer le prix [d'une] mesure ancienne, proportionnellement à celui déjà connu d'une mesure nationale, il faut multiplier le prix de celle-ci par le nombre de la colonne A[ cor]respondant à celle-là.

Il faut encore remarquer, par rapport à ces sortes de problèmes, que lorsque les mesures anciennes ne correspondent pas, dans le tableau, à celles des m[esures] nationales que l'on désire, il est aisé de transposer ces dernières. Cette transposition des mesures nationales ( à cause de leur ordre décuple ), n'apporteroit [d'autre] changement, dans les rapports réciproques correspondans, que celui du déplacement de la virgule décimale; et l'application en est si facile, qu'il est inutil[e de] donner une plus ample explication.

uche de chaque mesure ancienne, et qui indiquent, comme je
i déja dit, les rapports de leurs nombreuses sous-espèces, mettent
évidence l'irrégularité de leur dérivation successive. Cette irré-
larité, jointe à la multiplicité des dénominations, fait un con-
ste frappant avec le petit nombre des mesures nationales, et la
nplicité de leurs loix. Que sera-ce, si l'on fait attention que ces
rnieres doivent être les mêmes pour toute la France, tandis que
s anciennes mesures sont différentes presque pour chaque ville !
e rapprochement n'arrache-t-il pas irrésistiblement notre aveu pour
ne réformation générale ?

Ce que j'ai exposé du besoin fréquent qu'auront les particuliers
e faire usage des rapports réciproques des mesures anciennes aux
nuvelles, établit évidemment la nécessité de connoître les quan-
és absolues et relatives de toutes les mesures actuellement employées dans le royaume, pour pouvoir donner à chaque lieu le
bleau de rapports qui lui convient, c'est-à-dire, celui des rap-
orts de toutes les mesures usitées dans le lieu même, avec les
esures nouvelles ou nationales. Or, puisque ce travail exige des
cherches et doit avoir une destination locale, il est naturel d'y
rocéder partiellement dans chaque municipalité, sous la surveil-
nce graduelle des directoires de district et de département. Ce
ode me paroît le plus convenable pour atténuer les embarras et
dépense de l'opération, et en même temps pour l'abréger et en
onstater l'exactitude, en évitant sur-tout une multitude de répé-
tions inutiles : il n'est pas besoin sans doute de rassurer sur le
anque d'hommes suffisamment instruits, à qui l'on puisse en con-
er l'exécution dans les divers départemens.

En conséquence, je voudrois qu'il y eût dans chaque ville et
ourg un peu considérable, un tableau semblable à celui dont j'ai
onné le modele, qui fût affiché dans un lieu apparent de la mai-
on commune, afin que chacun ait la faculté de le consulter, de
e copier, ou bien encore de s'en procurer des exemplaires, pour lui
ervir à faire toutes les évaluations dont il auroit besoin. Il est bien
ertain, par exemple, que les marchands seront obligés de changer
es prix apparens de toutes leurs marchandises : cela leur sera
acile ; car il ne s'agira que de multiplier le prix d'une mesure
ncienne de chaque matiere, par le nombre placé vis-à-vis cette
esure dans la colonne convenable du tableau.

Beaucoup de gens préféreront sans doute de petites tables de rapports , déja calculés dans une certaine latitude de suppositions marchant progressivement d'unité en unité. Mais c'est ici une nouvelle occasion de faire sentir la nécessité de se borner aux seuls usages locaux , si l'on veut éviter aux citoyens l'achat d'un livre énorme , cher , et inutile pour eux en plus grande partie ; et au surplus , l'industrie et l'intérêt des individus leur suggéreront bientôt ce qui leur sera le plus avantageux à cet égard , sans que l'administration prenne la peine de s'en occuper.

Il est bon d'observer , au sujet des rapports de mesures , que , dans la plupart des cas de leur usage ordinaire , il seroit superflu de les exprimer avec une extrême précision , et qu'il suffira de la borner à deux ou au plus trois chiffres après la virgule décimale. En un mot , l'exactitude est plus ou moins nécessaire , suivant l'importance ou la valeur plus ou moins grande des objets.

On sent bien , par exemple , combien il seroit dangereux qu'un apothicaire commît une erreur d'évaluation sur certaines drogues dont la dose doit être scrupuleusement déterminée : l'excès ou le défaut en ce genre peut coûter la vie à un malade. On ne sauroit donc prendre trop de précautions , afin d'éviter des erreurs , des équivoques , des inadvertances capables d'opérer des effets si funestes. C'est sur-tout le cas indispensable que chaque pharmacien ait une table de rapports , où les quantités les plus ordinaires des substances qu'il débite soient toutes calculées à l'avance , pour n'être pas pris au dépourvu dans les circonstances pressées , ou prévenir la paresse ou la négligence d'un apprentif.

Enfin , il existe beaucoup de mesures , principalement de capacité , dont l'usage est resserré dans un petit territoire : telles sont , par exemple , celles qui servent à la prestation d'un cens. L'administration ne doit pas embrasser tous les détails des évaluations de ces mesures ; car , pour les réduire de même en tableaux , on s'engageroit dans un travail qui seroit le plus souvent sans utilité. Mais il peut arriver qu'il y ait contestation sur ces mesures , ou que les intéressés s'accordent , pour leur avantage commun , à en faire faire la réduction. Il suffira , dans ces cas , d'indiquer une méthode telle , que les gens les moins experts puissent opérer promptement et sûrement. Celle que l'on suit communément pour les pintes et autres vaisseaux de capacité , peut être adoptée : elle consiste , comme on le sait, à remplir d'une graine très-menue le vaisseau le plus petit, pour le verser successivement dans le plus grand, en ayant soin, pour donner plus de régularité à l'opération, que la graine tombe dans les vaisseaux toujours d'une hauteur constante, en sortant par l'orifice fort étroit d'une trémie ou entonnoir d'une grande capacité. Le cube d'un de ces deux vaisseaux étant ici connu, le nombre des versemens et la fraction du dernier donneront exactement le cube que l'on cherchera.

Si l'on désiroit y mettre plus de précision, on pourroit substituer à la graine un fluide, comme l'eau, qui n'éprouve pas de compression, et dont par conséquent le volume est infiniment moins sujet à changer. Je ne dissimulerai pas cependant que cette pratique exigeroit des précautions, comme de remplir exactement au niveau, d'essuyer soigneusement le tour des vaisseaux, de laisser rassembler les dernieres gouttes pour les vuider entiérement, etc. et que la négligence de ces attentions entraîneroit souvent de plus grandes variations que les défauts de la méthode précédente. Je ne parle pas ici de la comparaison de la capacité par le poids de l'eau, qui se présente naturellement, parce qu'elle exige une manipulation et des instrumens qui ne sont pas à la portée de tout le monde.

L'assemblage de tous les tableaux particuliers de rapports des mesures du royaume, fera une collection précieuse. Cette collection nous manque pour le présent, et nous ne pourrions pas nous en passer, même dans la supposition où l'on ne songeroit pas à une réforme. En effet, il faut bien constater les vraies quantités de nos mesures, soit pour en répandre davantage la connoissance, soit pour être en état de corriger les altérations que le temps occasionne sur les étalons, sans quoi nous serions toujours exposés à une instabilité très-fâcheuse pour le commerce et pour les sciences. Or, s'il n'est pas de moyen plus propre à faire retrouver les rapports de nos mesures, que d'en exprimer les relations avec une unité invariable et connue, n'est-il pas bien mieux encore d'adopter cette unité comme mesure fondamentale, pour en former, suivant un ordre simple, le petit nombre de composés et de divisions que demandent nos besoins? Les mesures actuelles, devenant inutiles, tomberont bientôt dans l'oubli.

Je crois donc pouvoir dire avec confiance, après avoir suivi

dans tous ses détails l'exécution de cette opération , qu'elle entraî-
nera moins de difficultés qu'on est d'abord tenté de l'imaginer ;
et qu'en ordonnant une réforme si salutaire , nos législateurs mé-
riteront la reconnoissance de la race présente et future. Maintenant
je vais m'occuper de quelques loix qui me paroissent nécessaires
pour mettre les peuples en pleine jouissance des avantages du nouvel établissement : ce sera le complément de mon projet.

III. Quelqu'empressement que l'on mette à supprimer totalement
les anciennes mesures , et à les remplacer par de nouvelles dans
un système mieux entendu , ce seroit s'abuser , que de croire un
pareil décret susceptible d'une exécution aussi prompte que sa pro-
clamation ; et , pour peu qu'on y réfléchisse , on se convaincra de
cette impossibilité. Il faut nécessairement un certain temps pour la
fabrication matérielle des nouvelles mesures , la confection des tables
de rapports , la propagation des instructions ; et , indépendamment
de ce délai forcé par la nature des choses , il seroit trop dur d'o-
bliger les citoyens à faire , à jour nommé , une dépense d'autant
plus onéreuse qu'elle seroit plus subite , et de les soustraire à leurs
anciens usages avant qu'ils aient pu se familiariser avec les nouveaux , car il n'y a qu'une habitude qui fasse entièrement oublier
une autre habitude. La précipitation , loin de hâter la destruction
des antiques abus , produiroit plutôt un bouleversement tendant à
favoriser une multitude de petites fraudes , exercées contre ceux
qui ne séroient pas encore assez instruits de tous les points de la
réforme : elle ne doit donc être consommée que dans une latitude
de temps convenable. Cependant il est à propos d'en régler et même ,
s'il se peut , d'en abréger la durée par des loix sages : c'est ce qu'il
me reste à examiner.

Précédemment , j'ai proposé d'établir une fabrique unique d'étalons de pieds et de livres nationaux , dont il faut au moins un
nombre égal à celui des districts du royaume ; et encore de pieds
usuels , qu'il est indispensable d'y répandre avec profusion : ce
moyen promet, plus que tout autre , la célérité de l'exécution ,
son exactitude et une moindre dépense.

C'est à l'artiste chargé de l'opération , à en combiner tous les
détails ; et quant à la connoissance des besoins des acheteurs ,
il ne faut pour cela que des recherches et des calculs qui n'ont

aucune difficulté. Néanmoins , pour se mettre à l'aise , on peut arbitrer à une année le temps nécessaire à un suffisant approvisionnement de mesures ; c'est-à-dire , que dans les trois premiers mois de l'année , on enverroit à chaque chef-lieu de district les étalons ci-dessus désignés , et que dans les neuf derniers mois , chaque particulier auroit la faculté de se procurer , à son gré , des nouvelles mesures de toute espèce , étalonnées et poinçonnées suivant la loi. C'est encore dans cet intervalle de temps que se répandroient les instructions et les tableaux de comparaison déja mentionnés. Ainsi, il me semble qu'il n'y auroit aucun inconvénient à statuer : qu'à l'expiration de l'année en question , toutes autres mesures que celles dites nationales seront prohibées dans les magasins , boutiques , marchés et autres lieux publics.

Mais comme la supposition de cette loi entraîne celle du renouvellement effectif des mesures de tous les marchands , et qu'il est toujours important de viser à l'économie , je vais faire voir que la réformation projetée n'obligera pas à détruire toutes les anciennes mesures , parce que plusieurs sont susceptibles , à peu de frais , d'être accommodées au nouvel ordre , et que beaucoup d'autres peuvent être conservées telles qu'elles sont. Suivons donc ces mesures par ordre.

Il y a quelques endroits en France ( par exemple à Bordeaux ) où les aunes anciennes sont un peu plus longues que ne seroit l'aune nationale. Dans ces cas, on pourroit simplement raccourcir les premieres et les étalonner sur la nouvelle aune, en les faisant rediviser , referrer par les bouts et poinçonner, le tout conformément à ce qui a été expliqué précédemment. Au reste, cette sorte de réparation , qui peut-être coûteroit moins que l'achat d'une aune toute neuve, est un objet si petit qu'il ne vaut guere la peine d'être considéré , d'autant plus que les marchands qui font usage de l'aune n'en ont ordinairement qu'une, deux ou trois au plus dans chacun de leurs magasins.

Les mesures cylindriques en bois, pour les grains , le sel, le charbon, etc. devroient avoir les mêmes dimensions , lorsque leurs capacités sont égales , et cela , soit que les matieres y soient mesurées *rases* , ou *combles* : la raison en a déja été dite. Mais les mesures en métal , au dessous et compris la décade , et celles au dessus, servant pour les liquides , peuvent avoir des bases ou des hauteurs arbitraires, pourvu que leur continence soit exacte ; il faut seulement

8

proscrire le cuivre et les formes irrégulieres. Les anciennes mesures de ce genre, qui ne seroient pas dans le cas de cette proscription, pourroient donc être conservées, en les faisant toutefois étalonner, coter et poinçonner.

Il ne paroît pas non plus qu'il fût nécessaire, du moins dans les premiers momens de la réforme, de changer les gros vaisseaux destinés à contenir les vins, eaux-de-vie, etc. tels que les barriques de Bordeaux, les pipes d'Anjou, les demi-queues de Bourgogne, de Champagne et autres. On sent qu'un pareil changement seroit à la fois bien embarrassant et bien dispendieux : heureusement il seroit inutile, puisque les vaisseaux dont il s'agit ne nuiroient point au système des mesures nationales. Néanmoins on ne pourroit se dispenser d'en évaluer la continence en nombres de mesures nationales avec ses subdivisions, et cela seroit très-facile, car le mesurage des dimensions de chaque futaille, pour connoître sa cubature, donneroit en même temps le nombre de mesures, de décades, d'écatades, etc. qu'elle contient. Si cependant l'on désiroit une évaluation moins précise et plus expéditive, on pourroit avoir recours au *bâton de jauge*. Ce bâton ne seroit plus celui d'aujourd'hui, mais un autre analogue, gradué de façon à montrer le nombre de mesures que chaque vaisseau contient au dessus ou au dessous d'une certaine limite, soit en longueur, soit en grosseur (1) : au reste, cette jauge pourroit être soumise à l'étalonnage et au poinçon. Mais tout considéré, il vaudroit peut-être mieux en réserver l'usage aux

_____

(1) La méthode de la jauge est inexacte dans tous les cas où le *diamètre* moyen et la longueur d'une futaille ne sont ni l'un ni l'autre conformes à ceux du vaisseau primitif et connu d'après lequel la graduation du bâton de jauge a été faite. Si le diamètre moyen et la longueur en sont tous les deux plus grands ou plus petits, l'évaluation par la jauge est plus foible que la réalité, car il y a un anneau circulaire dont la cubature n'est pas exprimée dans le résultat. Si ce diamètre est plus grand et cette longueur plus petite, ou inversément, le résultat est au contraire trop fort de toute la cubature d'un anneau circulaire qui n'existe pas. Il faut encore ajouter à ces défauts les différences de courbure des douves des vaisseaux, dans le sens de leur longueur. Ces observations sont, à la vérité, d'une rigueur géométrique ; et les erreurs qu'elles démontrent peuvent bien n'être pas de conséquence dans beaucoup d'occasions ; cependant l'on comprend, que, si ces erreurs étoient répétées un grand nombre de fois, qu'elles provinssent de dimensions fort différentes de celles ordinaires, et qu'enfin les liqueurs des vaisseaux fussent précieuses, elles deviendroient alors préjudiciables.

commis de barrieres , qui ont des droits à percevoir et doivent opérer vîte ; et juger, dans tous les cas, les contestations des particuliers en faisant état de la continence réelle des vaisseaux cubés d'après leurs dimensions.

Par la suite, on pourroit ordonner de faire toutes les nouvelles futailles multiples exacts de la mesure. Par exemple, des demi-muids de 5 pieds cubes, lesquels ne différeroient de la demi-queue de Champagne actuelle que de 37 écatades ou 13$^{pintes}$,7 de Paris.

Pour ce qui est du tonneau de mer, dont on se sert pour estimer la charge des vaisseaux, on sait qu'il est évalué à 2000 livres de marc, pour le poids; et à 42 pieds cubes de roi, pour l'encombrement. Ces mesures font 2693$^{liv}$,6 et 39$^{pi}$,597 cubes, nationaux; et j'observerai, que si on portoit l'encombrement à 50 pieds cubes, le poids proportionnel deviendroit 3400$^{liv}$ nationales, nombres commodes à retenir, et à l'aide desquels il est possible de jauger la capacité des vaisseaux, tout au moins aussi bien que par le passé.

Les marchands n'auroient enfin qu'une foible dépense à faire pour le changement de leurs poids, puisqu'il leur suffiroit d'acheter chacun une ou deux livres nationales en cuivre, avec ses subdivisions inférieures, et de faire étalonner, coter et poinçonner leurs autres poids à un nombre entier des nouvelles livres. Par exemple, les poids de 50 livres de marc peseroient 67$^{li}$,34 nationales ; il seroit facile, en y mettant d'autres anneaux, de les rendre de 70$^{liv}$ ; et si la maniere de compter, résultante de cet arrangement, leur paroissoit trop embarrassante, ils renouvelleroient leurs poids peu à peu, pour n'en avoir que de 50$^{liv}$, sans faire une dépense considérable à la fois.

L'adoption de la livre nationale obligeroit aussi à changer les poids appliqués aux bras des romaines ; ce changement n'a aucune difficulté, et ne dérange rien à la graduation de cette espèce de balance. Les romaines à ressort demanderoient, à la vérité, une nouvelle graduation, ou du moins une table de correction ; mais l'usage n'en est pas assez général pour que cela mérite attention.

Ces détails me paroissent suffire pour faire voir que l'introduction des mesures nationales dans le commerce ne sera pas très-onéreuse, quoique rendue de nécessité, par la loi, dans un terme fixe. Il y a bien quelques inconvéniens inséparables d'une pareille opération, car on ne renonce pas à des usages si anciennement établis, sans

éprouver quelque gêne, mais elle ne sera que momentanée, et la
généralité de l'établissement en rendra la crise plus courte et moins
pénible. Pour la hâter encore, autant qu'il est possible, sans cependant trop exiger des citoyens, il me semble que l'on pourroit
encore ordonner : qu'à dater de l'époque indiquée pour le renouvellement des mesures, les baux, marchés, adjudications ou tous
autres actes pardevant les officiers publics, soient faits à l'avenir
de telle maniere, que les mesures des différentes choses, s'il y
en a, soient exprimées en mesures nationales ; que les tarifs d'impositions, en nature ou en argent, soit aux frontieres du royaume,
soit à l'entrée des villes, soient formées sur des quantités exactes
de ces mêmes mesures, et qu'elles soient aussi les seules usitées
dans les comptes rendus et dans les projets présentés à l'administration ; qu'enfin, le cas de contestation arrivant entre des particuliers sur une convention ou un acte antérieur à la loi, il soit
procédé à une réduction des mesures anciennes en mesures nationales avant de produire les titres et piéces devant les juges , afin
que la discussion et le jugement soient établis sur ces mêmes mesures.

C'est ainsi que , par une comparaison fréquente et presque con-
tinuelle des mesures anciennes aux nouvelles, les hommes, naturellement éveillés sur leurs intérêts particuliers, se familiariseroient,
en peu de temps, avec ce qu'il leur importeroit de connoître ; et
que chacun contribueroit de soi - même à faire oublier ce cahos
monstrueux de nos mesures, monument antique de notre barbarie,
mais qui doit enfin disparoître dans le siecle des lumieres et de
la liberté.

Je ne dois point terminer cette section sans m'expliquer encore
sur les limites à donner aux fractions décimales, que j'ai déja an-
noncées devoir être différentes pour les différentes matieres.

Par le moyen du calcul décimal, on atteint à une telle précision , que les fractions négligées sont de nulle conséquence, même
dans les objets les plus importans ; c'est ce que savent très-bien les
astronomes et les physiciens qui en font continuellement usage.
Mais, pour cela, il faut employer un nombre de figures décimales
qui deviendroit embarrassant dans le commerce de la vie civile
et même dans les affaires. Il convient donc de fixer le nombre
de ces chiffres décimaux dans une proportion telle, que le calcul

reste à la portée du commun des hommes, et qu'il n'en résulte pas néanmoins de perte sensible.

De là il suit, que cette limite doit changer avec la valeur des objets dont il s'agit de déterminer la quantité. Par exemple, on conçoit facilement que personne n'aura à se plaindre quand on aura pris à un dixieme de pouce cube près, la mesure de bled qui seroit d'un pied cube, ou à un pied quarré près, la superficie de la totalité d'un arpent; d'autant-mieux que les erreurs accidentelles, provenant de la main de l'homme ou de l'imperfection des instrumens, s'élevent toujours beaucoup plus haut. Il en est tout autrement des matieres précieuses, dont une quantité aussi foible en réalité deviendroit un objet important pour celui qui en souffriroit la perte. Pour s'en convaincre, il ne faut que se rappeller ici ce qui se pratique dans les hôtels des monnoies, sur-tout pour ce qu'on nomme *boutons d'essais* qui servent à déterminer la quantité de *fin* que contient une masse d'or ou d'argent.

Mais indépendamment de ce que, dans le dernier cas, la limite pourra être poussée plus loin pour le nombre des chiffres décimaux, on aura encore la facilité de transporter le chiffre de l'unité sur une des subdivisions de la livre. Ainsi, en prenant, par exemple, le *denier national* pour l'unité de poids des matieres précieuses (1), trois chiffres fractionnaires, qui en exprimeront des milliemes, ne porteront aucun embarras dans les calculs, et donneront néanmoins une précision environ cinq fois plus grande que le 32e. de grain actuel.

Il suffira donc, pour parer à tous les inconvéniens et proscrire tout arbitraire, que la loi fixe elle-même cette limite, suivant la valeur des matieres à mesurer.

# CONCLUSION.

Je crois avoir démontré, dans ce mémoire, les inconvéniens de la diversité des mesures, les avantages infinis que doit assurer aux

(1) On pourroit aussi prendre le *gros national* pour cette unité ; et, pour obtenir la même précision, l'on pousseroit l'approximation jusqu'à quatre chiffres décimaux : il est évident que cela revient parfaitement au même.

sciences, au commerce et aux arts, une loi qui les rendroit uniformes dans tout le royaume. Je me suis appliqué à chercher les bases sur lesquelles ces mesures devroient être fondées, afin d'en rendre les proto-types invariables, et les principes d'après lesquels il conviendroit qu'elles fussent déterminées; j'ai fait voir que ces mesures pouvoient facilement être accommodées à nos usages; j'ai indiqué les précautions au moyen desquelles cette innovation n'entraîneroit, ni de grands embarras, ni de grandes dépenses; conformément à ces principes et aux mesures que j'en ai fait dériver, j'ai proposé de porter dans les affaires, dans le négoce et même dans la vie civile, une espèce de calcul singuliérement propre à simplifier toutes les opérations en leur donnant toujours l'exactitude que l'on désire, qui jusqu'à présent n'a été employé que par quelques savans, mais dont la connoissance et même l'habitude sont extrêmement aisées à acquérir; enfin, l'introduction de ce calcul, et les avantages qu'il promet, m'ont conduit à désirer que, pour plus d'accord entre la numération et les paiemens effectifs, on changeât le nom et la valeur de la plus petite de nos monnoies.

Tels sont les objets que j'ai cru devoir traiter avec tous les détails nécessaires pour en développer les preuves. J'ai profité de tout ce qui a été écrit avant moi sur ce sujet, et peut-être trouvera-t-on que j'y ai peu mis du mien pour l'invention; mais il m'a paru que ce qui étoit le plus à désirer pour fixer les opinions, c'étoit, en s'appuyant sur ce qui avoit été déja proposé par des auteurs célebres, de présenter, dans un seul corps d'ouvrage, les vrais principes, leurs conséquences, leurs applications à toutes les diverses sortes de mesures des différentes matieres, les moyens d'exécution du projet, les précautions à prendre pour la maintenir dans son intégrité, l'instruction à répandre pour faire jouir promptement le peuple de ce bienfait d'une législation éclairée, et les remedes à apporter pour diminuer les frottemens qui accompagnent toujours de tels changemens. C'est-là ce que j'ai principalement eu en vue : je laisse à juger jusqu'à quel point j'y ai réussi. S'il restoit encore quelque difficulté à éclaircir, quelque partie de détail à retravailler pour amener cet ouvrage à sa perfection, je suis prêt à y consacrer tout le temps nécessaire, sans autre ambition que celle d'être utile à ma patrie, et de concourir pour quelque chose à l'accomplissement d'un si grand projet.

( 63 )

Il ne me reste plus qu'à donner ici , par forme d'articles de
décret, les dispositions qui me semblent convenables pour opérer à
la fois la réforme dans toutes ses parties. Ce projet servira , plus
que toute autre chose , à faire juger du mérite de l'ouvrage ; et
c'est la seule vue qui m'engage à le proposer.

Les motifs de la loi pourroient être ainsi résumés :

L'uniformité des mesures n'est pas moins avantageuse au commerce , qui doit avoir pour base la bonne foi , qu'à la société en
général , et spécialement aux progrès des sciences les plus utiles ;
cette uniformité est une suite et une conséquence naturelle de
l'unité de loi ; enfin , cette réformation devient indispensable pour
prévenir les inconvéniens de la diversité des mesures , que la division du royaume en départemens ne manqueroit pas de rendre
plus sensible.

D'après cela , il pourroit être statué ce qui suit :

## ARTICLE PREMIER.

A compter du 1ᵉʳ. Janvier 1791 (1), toutes mesures de dimensions et de pesanteur , actuellement existantes dans le royaume,
seront et demeureront supprimées et abolies ; en telle sorte , que
dans tout jugement, tarif , marchés et autres actes *publics* quelconques , il ne soit plus fait usage , à l'époque dudit jour 1ᵉʳ.
janvier 1791 , que des mesures et poids ci-après déterminés ; sauf
néanmoins aux particuliers à user de telle mesure qu'ils jugeront
à propos, si ce n'est qu'en cas de contestation , la réduction en
sera faite, avant tout jugement, aux poids et mesures nouvellement établis.

## I I.

Toutes les mesures , tant de dimensions que de poids , qui seront ci-après établies, seront appellées *mesures nationales , poids
nationaux* , et ainsi de leurs subdivisions, pour éviter toute confusion avec les mesures anciennes.

---

(1) Il faut se rappeller que ce mémoire a été envoyé à l'Assemblée nationale ,
dans les premiers jours du mois de février 1790.

### I I I.

Le tiers de la longueur du pendule à secondes de l'observatoire royal de Paris, formera le *pied national*, qui sera le *proto-type* de toutes les autres mesures.

### I V.

La longueur du pendule sera représentée exactement sur une regle de platine pur, et à une température connue, en présence des commissaires qui seront nommés par l'académie royale des sciences, qui procéderont préalablement, s'il est nécessaire, à une détermination plus rigoureuse ; et ladite regle de platine sera précieusement conservée à l'hôtel-de-ville de Paris, comme monument de l'opération, pour y avoir recours dans le besoin. Il sera dressé, par les officiers municipaux, procès - verbal, tant du dépôt de la dite mesure, que de là minute des opérations des commissaires de l'académie, et du pied national exécuté en argent, ensuite de la dite opération, pour servir de proto-type.

### V.

Le pied national, déterminé ainsi qu'il est dit ci - dessus, sera divisé en 10 pouces, le pouce en 10 lignes, la ligne en 10 points ou primes.

*La perche nationale* sera de 10 pieds nationaux.

*Le millaire national* sera de 1000 perches nationales.

*L'aune nationale* sera de 3 pieds $\frac{1}{2}$ nationaux.

*L'arpent national* sera de 100 perches nationales quarrées.

*Le moule national*, pour bois de chauffage, sera de 100 pieds cubes nationaux.

### V I.

La mesure de capacité, ou *mesure nationale* (que l'on pourroit aussi appeller *protade*) pour les grains, les matieres en poussiére ou fluides, et toutes autres qui se mesurent dans des vaisseaux, sera le pied cube national.

La *mesure nationale* sera divisée en 10 *décades*.

La *décade* en 10 écatades.

*L'écatade* en 10 chiliades.

*Le muid national* sera de 10 mesures nationales , ou 10 pieds cubes nationaux.

Toutes les dites mesures , tant celles qui seront multiples du pied cube , que celles qui en seront sous-multiples , auront la forme de cylindre ou de cône tronqué, pour la fidélité et la sûreté de l'étalonnage , dans les cas où la forme cubique pourroit être incommode ; le tout, conformément à l'instruction qui sera jointe à la loi.

## V I I.

*La livre nationale* sera déterminée par le poids de l'eau distillée ou de l'eau de pluie, purgée d'air, à une température fixe, sous le volume de 10 pouces cubes nationaux.

*La livre nationale* sera divisée en 10 onces.

*L'once nationale* en 10 gros.

*Le gros national* en dix deniers.

*Le denier national* en dix grains.

*Le grain national* en dixièmes , centièmes , etc.

Ainsi *le quintal national* sera de 100 livres nationales , ou du poids d'un pied cube d'eau.

## V I I I.

Il sera exécuté une livre nationale en argent , dont la justesse sera reconnue par les mêmes commissaires de l'académie, pour être déposée , avec leur procès-verbal , aux archives de l'hôtel-de-ville de Paris , et y servir de proto-type.

Une livre nationale , aussi exécutée en argent , sera pareillement déposée et conservée à l'hôtel des monnoies, avec les poids formant ses principales sous-divisions , savoir : une once , un gros , un denier et un grain , exécutés de même en argent, vérifiés et approuvés par les commissaires de l'académie.

## I X.

Il sera fait des étalons en cuivre, tant de pied national que de livre nationale , cette derniere assortie de ses sous - divisions en poids de 5on, 3on, 1on, 5grs, 3grs, 1grs, 5den, 3den, 1den, 5gn, 3gn, 1gn, et 2 demi-grains , lesquels seront poinçonnés par un officier établi à cet effet à Paris , et envoyés à toutes les administrations de districts , dans les divers départemens du royaume ; et ce , trois mois après la publication de la loi.

X.

La fabrication des dits pieds et poids-étalons sera donnée en adjudication *au rabais* ; et, pour maintenir l'uniformité du pied national, et le procurer en même temps à un prix modéré, il pourra être accordé à l'adjudicataire un privilege exclusif de deux ans, pour la fabrication dudit pied national seulement, tant en cuivre qu'en bois , ou autre matiere ; le tout, à la charge de n'en délivrer aucun qu'après avoir été duement vérifié et poinçonné , et d'en avoir toujours en suffisante quantité pour la fourniture de la capitale et de tout le royaume.

X I.

Il sera établi dans chaque district , sous l'autorité de l'assemblée administrative, *un étalonneur-juré*, qui sera chargé de la garde des pieds et poids-étalons ainsi que du poinçon , auquel seront tenus de s'adresser tous les fabricans et marchands de poids et mesures , pour les étalonner et poinçonner ; et pour l'apposition dudit poinçon , il sera fixé , par les dites assemblées administratives, un droit à l'étalonneur-juré , suivant la qualité desdits poids et mesures.

X I I.

Les étalonneurs établis dans chaque district , pourront poinçonner et coter les anciennes mesures qui se trouveront de qualité convenable , et après qu'elles auront été réduites aux poids , capacités ou dimensions, ci-dessus prescrits , ou à leurs multiples.

X I I I.

En même temps que l'étalonneur appliquera le poinçon sur les mesures, tant nouvelles qu'anciennes, et principalement sur celles de capacité, ainsi que les poids, il y frappera, en chiffre et lettre initiale, la cote ou expression numérique des quantités de l'unité des dites mesures et poids.

## X I V.

Les administrations de districts feront faire par les dits étalonneurs, ou autres qu'elles jugeront à propos de leur adjoindre, un tableau général contenant les rapports de toutes les mesures en usage dans leur territoire, avec les mesures nationales ; lequel tableau sera affiché dans un lieu apparent de la maison commune du chef-lieu du dit district.

## X V.

Dans tous les comptes de finance, commerce et autres, les sommes ne seront à l'avenir tirées hors ligne, que par les expressions de *livres-tournois*, dixiemes, centiemes, milliemes, etc. Ces expressions, *livres-tournois*, ne seront jamais désunies, jusqu'à ce que, l'habitude de les remplacer l'une par l'autre étant suffisamment établie, la loi prononce l'entiere suppression de la premiere ; et pour faciliter, tant le rapport du calcul décimal avec le numéraire effectif, que le paiement réel des fractions, il sera fait, lors de la fabrication de nouvelles monnoies de billion, des pieces de deux sous ou *décimes*, représentant le dixieme d'une livre ; des sous ou *demi-décimes*, représentant le vingtieme d'une livre ; enfin une monnoie inférieure, sous le nom d'*obole* ou de *centime*, représentant le centieme de la livre, et dont les cinq équivaudront à un sou ou demi-décime. Les monnoies de billion actuelles continueront d'avoir cours sur le pied où elles sont, jusqu'à ce qu'il en soit autrement ordonné.

## X V I.

Dans tous les comptes, soit de sommes d'argent, soit de quantités livrées ou d'ouvrages à mesurer, les dites quantités seront tirées avec nombre de décimales tel , qu'il en résulte une suffisante approximation d'exactitude pour les sommes fractionnaires.

Cette approximation sera , savoir :

Pour toutes les sommes en argent monnoyé , ou valeur , au moins jusqu'au millieme de l'unité , ou à trois décimales de livres-tournois.

Pour toutes les mesures d'étendue linéaire , au millieme de l'unité de mesure spécifiée , ou à trois chiffres décimaux.

Pour les mesures de superficie, au dix millieme de l'unité spécifiée , ou à quatre chiffres décimaux.

Pour les cubatures et mesures de capacité, au dix millieme de l'unité de toutes les mesures au dessus et compris le pied cube ; et seulement au millieme de l'unité des mesures d'une moindre quantité.

Pour les poids, au millieme de l'unité ou à trois chiffres décimaux ; et dans le cas où il s'agiroit de matieres précieuses , comme or et argent, l'unité sera toujours le *denier national.*

Ce qui n'aura lieu néanmoins, à l'égard des dites mesures, poids, monnoies ou valeurs , qu'autant qu'il ne seroit pas convenu ou ordonné autrement pour des cas particuliers.

**F I N.**

www.ingramcontent.com/pod-product-compliance
Lightning Source LLC
Chambersburg PA
CBHW071506030726
47593CB00003B/1173